普通高等教育"十三五"规划教材

机场防火防爆理论与技术

主 编 付明明
副主编 李甲亮 李 超

U0319680

北 京
冶金工业出版社
2023

内 容 提 要

本书主要阐述了燃烧发生的机理，火灾的防治原理及相关技术，爆炸的机理、类型，防爆的相关技术；对机场建筑安全、安检技术、消防技术等相关知识也做了详细的介绍。

本书为民航安全技术管理专业教材，也可供相关企业技术人员和管理人员参考或培训之用。

图书在版编目（CIP）数据

机场防火防爆理论与技术／付明明主编. —北京：冶金工业出版社，2019.10（2023.1重印）

普通高等教育"十三五"规划教材

ISBN 978-7-5024-8219-0

Ⅰ.①机… Ⅱ.①付… Ⅲ.①机场—防火—高等学校—教材 ②机场—防爆—高等学校—教材 Ⅳ.①V35

中国版本图书馆 CIP 数据核字（2019）第 197007 号

机场防火防爆理论与技术

出版发行	冶金工业出版社	电　话	（010）64027926
地　址	北京市东城区嵩祝院北巷 39 号	邮　编	100009
网　址	www.mip1953.com	电子信箱	service@ mip1953.com

责任编辑　郭冬艳　宋　良　任咏玉　美术编辑　吕欣童
版式设计　孙跃红　责任校对　郑　娟　责任印制　窦　唯
三河市双峰印刷装订有限公司印刷
2019 年 10 月第 1 版，2023 年 1 月第 2 次印刷
710mm×1000mm　1/16；12.25 印张；238 千字；185 页
定价 28.00 元

投稿电话　（010）64027932　投稿信箱　tougao@cnmip.com.cn
营销中心电话　（010）64044283
冶金工业出版社天猫旗舰店　yjgycbs.tmall.com
（本书如有印装质量问题，本社营销中心负责退换）

前　　言

随着经济建设的高速发展，飞机已成为人们出行的重要交通工具。飞行运输客流量和机场数量的持续增加，对机场安全保障工作提出了更高的要求。减少和预防机场火灾爆炸事故，需要培养专业的安全管理及监督检查人才。专业人才需要掌握机场防火防爆相关理论与技术、前沿安检技术、可燃易爆物质特性、应急预案等方面的专业知识，但是目前针对机场安检方向的教材相对较少，因此结合实际教学工作经验，我们编写了本书。

本书以滨州学院航空安全特色专业为依托，通过调查研究国内外机场火灾爆炸事故的大量案例，从燃烧与爆炸的机理入手，分析防范各类机场火灾与爆炸事故的措施，并结合最新消防法律法规和新型消防、安检技术的实际应用，构建完整的机场防火防爆体系。

书中首先阐述了燃烧的基本原理、燃烧的类型及其特征，在此基础上介绍了火灾发生的一般规律、防火技术的基本理论、防火与灭火的基本技术措施以及灭火器材的使用；其次，阐述了爆炸机理及其分类、爆炸极限及其计算、爆炸温度和压力的计算，在此基础上介绍了发生爆炸事故的一般规律、防爆技术的基本理论、防爆的基本技术措施；最后，综合燃烧和爆炸的基本理论和知识，介绍了可燃易爆物品的燃烧和爆炸特征，讨论了危险化学品、危险源和机场建筑等一般安全防护要点，并综述了机场安检前沿技术及设备。

本书共6章，由多位作者共同完成，付明明任主编，李甲亮、李超任副主编。其中第1章、第2章由付明明、李甲亮完成，第3章由李超、许兰娟、曹青完成，第 4 章由李跃金、胡莹莹、郭文杰完成，第 5 章由贾新磊、申建军、马有营完成，第 6 章由付明明、郑倩、杨霄完成。

由于作者水平所限，书中不足之处，诚请读者批评指正。

作　者

2019 年 5 月

目　　录

绪　　论

A　研究对象

本课程首先学习燃烧的基本原理、燃烧的类型及其特征，在此基础上研究火灾发生的一般规律、防火技术的基本理论、防火与灭火的基本技术措施以及灭火器材的使用；其次，学习爆炸机理及其分类、爆炸极限及其相关计算、爆炸温度和压力的相关计算，在此基础上研究发生爆炸事故的一般规律、防爆技术的基本理论、防爆的基本技术措施；最后，综合燃烧和爆炸的基本理论和知识，分析可燃易爆物品的燃烧和爆炸特征，讨论危险化学品、危险源和机场建筑等一般安全防护要点，并介绍了机场安检技术及设备。

B　防火与防爆技术的发展历程

在人类出现之前，火就已经存在于自然界。根据北京周口店"北京猿人"遗址发现的灰烬、烧骨等用火遗迹，证明在 69 万年前人类已经学会用火；而在云南省元谋县发现的"元谋人"用火证据，更将人类用火追溯到 170 万年以前。有关资料表明，大约在 1.7 万年以前，人类就已经学会了人工取火。火的利用使人类摆脱了"茹毛饮血"的野蛮时代。而人类自从学会掌握人工取火方法以后，生产力大大发展，诸如制陶、冶铜、炼铁等技术广泛应用。西安的半坡遗址发掘的文物证明，早在 5000 年前，我们的祖先就能利用火来炼铁。然而，失去控制的燃烧（即火灾），严重威胁着人们生命和财产的安全。因此，随着生产技术的发展，人们越来越重视防火与防爆技术的研究。

据有关资料记载，我国很早以前就设置了火官，如周朝的"司爟""司烜"。历代封建王朝，大都制定了有关防火的法律，重视以法治火。宋朝时建立的由士兵组成的"潜火队"，是世界上较早建立的官办专职消防队。当时还组织了民间消防队伍，如南宋的"水铺""冷铺"，也是世界上较早出现的民间消防组织。

新中国成立前，在旧中国半殖民地半封建的历史条件下，消防事业得不到应有的重视和加强，同世界上经济发达国家相比，处于落后的状态。虽然从国外引进了消防警察的体制和少量近代消防技术设备，但是普及推广十分缓慢。

新中国成立后，党和政府非常重视防火与防爆工作，消防事业走上了振兴的道路。防火与防爆技术进步很快，取得了显著的成绩，形成了由公安部消防部队、企业专职消防队和群众义务消防队等多种形式消防队伍组成的消防力量体系。消防站遍及全国各大、中、小城市和县城，消防装备和器材逐步现代化。北京、沈阳和天津等许多城市成立了消防研究所，北京劳动保护科学研究所等研究单位设置了防爆研究室，一些高等院校设置了相关专业，开设了防火与防爆课程，使我国的防火与防爆科学技术水平和管理水平迅速提高。党和政府非常重视防火与防爆工作的法制建设，1957 年颁布实施《消防监督条例》，2019 年修订《中华人民共和国消防法》（修正案），形成了较完整的消防法规体系。在防火与防爆工作中，专门机构与广大人民群众相结合，认真贯彻"以防为主，防消结合"的消防工作方针。多年来成功地预防了大量火灾和爆炸事故的发生，并且有效地扑救了许多火灾，使我国的火灾和爆炸事故发生率保持在较低水平，这些都说明新中国成立以来，防火与防爆工作取得了难能可贵的成就。

C　火灾爆炸事故的特点和一般原因

a　火灾爆炸事故的特点

（1）严重性。火灾和爆炸事故造成的后果往往是比较严重的，容易造成重大伤亡事故。2019 年 3 月 21 日 14 时 50 分许，江苏盐城陈家港化工园区的江苏天嘉宜化工有限公司发生爆炸。此次事故造成 78 人死亡。住院治疗 566 人，其中危重伤员 13 人，重症伤员 66 人。

（2）复杂性。发生火灾和爆炸事故的原因往往比较复杂。例如发生火灾和爆炸事故的条件之一——着火源，就有明火、化学反应热、物质的分解自燃、热辐射、高温表面、撞击或摩擦、绝热压缩、电气火花、静电放电、雷电和日光照射等多种；至于另一个条件——可燃物，就更是种类繁多，包括各种可燃气体、可燃液体和可燃固体，特别是化工企业的原材料、化学反应的中间产物和化工产品，大多属于可燃物质。加上发生火灾爆炸事故后由于建筑倒塌、设备毁坏、人员伤亡等，也给事故原因的调查分析带来不少困难。

（3）突发性。火灾和爆炸事故往往是在人们意想不到的时候突然发生的。虽然存在着事故征兆，但一方面是由于目前对火灾和爆炸事故的监测、报警等手段的可靠性、实用性和广泛性尚不理想；另一方面，则是因为至今还有相当多的人员（包括操作者和生产管理人员）对火灾和爆炸事故的规律及其征兆了解和掌握得不够，使火灾和爆炸的发生没有及时发现。例如 2018 年 7 月 12 日，四川省江安县工业园区的宜宾恒达科技有限公司发生爆炸着火事故，共造成 19 人死亡、12 人受伤，而事故的起因正是咪草烟的生产过程中，甲苯对丁酰胺脱水操作所使用的蒸馏釜发生了爆炸。又如 2014 年 8 月 2 日 7 时 34 分，位于江苏省苏州市昆山市昆山经济技术开发区的昆山中荣金属制品有限公司抛光二车间发生特别重大铝粉尘爆炸事故，共有 97 人死亡、163 人受伤，直接原因是事故车间除尘系统较长时间未按规定清理，铝粉尘集聚；除尘系统风机开启后，打磨过程产生的高温颗粒在集尘桶上方形成粉尘云；1 号除尘器集尘桶锈蚀破损，桶内铝粉受潮，发生氧化放热反应，达到粉尘云的引燃温度，引发除尘系统及车间的系列爆炸。因没有泄爆装置，爆炸产生的高温气体和燃烧物瞬间经除尘管道从各吸尘口喷出，导致全车间所有工位操作人员直接受到爆炸冲击，造成群死群伤事故。

　　b　火灾爆炸事故的一般原因

　　如前所述，火灾和爆炸事故的原因具有复杂性。生产过程中发生的事故，主要是由于操作失误、设备缺陷、环境和物料的不安全状态、管理不善等引起的，因此，火灾和爆炸事故的主要原因基本上可以从人、设备、环境、物料和管理等方面加以分析。

　　（1）人的因素。通过对大量火灾与爆炸事故的调查和分析表明，有不少事故是由于操作者缺乏有关的科学知识，在火灾与爆炸险情面前思想麻痹，存在侥幸心理，不负责任、违章作业等引起的。

　　（2）设备的原因。如设计错误且不符合防火与防爆的要求，选材不当或设备上缺乏必要的安全防护装置，密闭不良、制造工艺的缺陷等。

　　（3）物料的原因。如可燃物质的自燃，各种危险物品的相互作用，在运输装卸时受剧烈震动撞击等。

　　（4）环境的原因。如潮湿、高温、通风不良、雷击等。

　　（5）管理的原因。规章制度不健全，没有合理的安全操作规程，没有设备的计划检修制度；生产用窑、炉、干燥器以及通风、采暖、照明设备等失修；生产管理人员不重视安全，不重视宣传教育和安全培训等。

　　在火灾统计中，将火灾原因分为以下七类：1）放火；2）生活用火不慎；3）玩火；4）违反安全操作规程；5）违反电器安装使用安全规定；6）设备不良；7）自燃。

　　D　课程学习意义和要求

　　火灾和爆炸事故具有很大的破坏性，机场等民用建筑发生火灾和爆炸事故会造成严重的后果。所以认真研究火灾和爆炸的基本知识，掌握发生这类事故的一般规律，采取有效的防火与防爆措施，对保障社会安定和发展国民经济具有非常重要的意义。首先是保护劳动者和广大人民群众的人身安全。发生火灾或爆炸事故会造成人员伤亡和财产损失，甚至会使周围的居民遭受灾难。其次是保护国家财产。火灾爆炸事故往往使设备毁坏，建筑物倒塌，大量物资化为乌有，使国家财产蒙受巨大损失。所以，防火防爆是实现机场等民用建筑安全的重要条件。同时，学好本课程，将会给学习其他的诸多专业课打下良好的基础。

　　学习本门课程要求熟悉理解燃烧与爆炸的基本理论和实质，掌握防火与防爆技术的基本理论，分析机场等民用建筑发生火灾和爆炸事故的一般原因，熟悉防火与防爆技术措施以及制定防火与防爆工作条例的理论依据等。

燃烧与防火基本原理

人类学会用火，是跨入文明的一个重要标志。然而，人们在长期生产和生活实践中的经验表明，火既能造福于民亦能产生巨大的破坏力量，一旦对燃烧失去控制，就会酿成灾害。因此，在用火的同时必须研究燃烧现象的实质以及防止燃烧失控的理论和措施，以便在生产和生活中有效地防止火灾的发生。

1.1 燃烧学说和理论

时至今日，燃烧在生产、军事和生活领域是被应用得最为广泛的一种氧化反应。燃烧是可燃物与氧化剂发生的发光发热的氧化反应。人们对燃烧现象的实质，在漫长的时期里缺乏正确的认识和解释，虽然在学术界曾有过许多有关燃烧的学说和理论，但却没有一种能对燃烧的实质给予科学合理的解释。直到 20 世纪初，才由苏联科学家谢苗诺夫（H. H. Cemehob）创建了燃烧的链式反应理论，并且得到了世界各国化学界的公认，成为现代用来解释燃烧实质的基本理论。

众所周知，火和电的发明是促进人类物质文明飞速发展的两座里程碑，而火比电的发明和利用要早得多，可是比较起来，电的科学早已发展到了相当的高度，但在关于火的科学认识方面则不然，人们经常在最简单的现象面前束手无策。对于内燃机以及锅炉的设计，往往较之复杂的电动机或无线电设备的设计更感到困难。这说明对燃烧科学的研究仍然薄弱。长期以来，在不少有关火的问题上，人们往往缺乏可加以利用的合理的科学知识。由于世界各国经常发生严重的火灾和爆炸事故，因此，有关燃烧和爆炸的科学研究受到普遍的重视。

1.1.1 燃烧素学说

18 世纪以前，欧洲盛行燃烧素学说（亦称燃素学说），对当时化学界的影响很大。燃烧素学说认为，某种物体之所以能燃烧是因为其中含有一种燃烧素，燃烧时，燃烧素就从物体内逸出。例如，蜡烛的燃烧，当燃烧素都跑出来以后，蜡烛也就熄灭了。燃烧素学说在解释什么是燃烧素时，认为火是由无数细小活跃的微粒构成的物质实体，由这种火微粒构成的火的元素就是燃烧素，物质如果不含有燃烧素则不能燃烧。

　　燃烧素学说始终没有说明燃烧素是由什么成分组成的物质。显然，这种学说的建立不是以科学根据为基础的，而是凭空臆造出来的。所以，燃烧素学说实际上是唯心的、不科学的。

　　由于燃烧素学说在当时的化学界非常盛行，许多著名的化学家都是燃烧素学说的崇拜者和忠实信徒，大大地阻碍了人们对燃烧实质的研究。例如，英国化学家普里斯特利（J. Priestley，1733～1804）虽然在实验室里得到了氧，但因他是燃烧素学说的忠实信徒，所以没有认识到这一发现对研究燃烧的重要性。当时有的科学家早已认识到燃烧和空气是分不开的，认为"火焰发生时，必引起空气之流动，此种空气维持或滋长火焰，而火焰则时时将四周空气消耗。如无新空气流入，则燃烧处必成为真空"。更进而言之，"世间如无空气，不仅火不能发生，即使万物亦无生长之可能"。

　　在燃烧素学说之后，还有不少关于燃烧的学说和理论。例如，四元素学说认为燃烧是"火、水、空气、土"这四种元素的作用。四元素学说解释木材的燃烧现象时认为，木材燃烧时所产生的明显火焰为"火素"，蒸发散发的潮气（湿气）为"水素"，上升的烟为"空气素"，剩余的灰为"土素"。

　　汞硫盐学说认为，火焰的发生是因为物体中含有硫质，气体的逸出为汞素，剩余之灰为所含的盐质等。

1.1.2　燃烧氧学说

　　法国化学家拉瓦锡（A. L. Lavoisiser，1743～1794）在普里斯特利发现氧气的基础上进行了研究并做了大量实验，于1777年提出了燃烧的氧学说，认为燃烧是可燃物与氧的化合反应，同时放出光和热。拉瓦锡指出，物质里根本不存在一种所谓燃烧素的成分。

　　燃烧的氧学说的建立是对燃烧科学的一大贡献，宣告了燃烧素学说的破灭。

1.1.3　燃烧分子碰撞理论

　　根据化学上的定义，强烈的氧化反应并有热和光同时发生者称为燃烧。热和光只是燃烧过程中发生的物理现象，那么燃烧的这种氧化反应是怎样发生的，亦即燃烧的实质是什么呢？

　　近代用链式反应理论来解释燃烧的实质，而在这个理论之前，曾有燃烧的分子碰撞理论、活化能理论和过氧化物理论等。

　　燃烧的分子碰撞理论认为，燃烧的氧化反应是由于可燃物和助燃物两种气体分子的互相碰撞而引起的。众所周知，气体的分子都是处于急速运动的状态中，并且不断地彼此互相碰撞，当两个分子发生碰撞时，则有可能发生化学反应。但是，用这种理论解释燃烧的氧化反应时，其可能性却非常微小。例如，氢与氯的混合物在常温下避光储存于容器中，它们的分子每秒钟彼此碰撞达 10 亿次之多，但觉察不到有任何反应。可是，若把这种混合物置于日光照射下，虽不改变其温度和压力，氢与氯两者却会以极快的速度进行反应，生成氯化氢，并呈现出光和热的燃烧现象，甚至能引起爆炸。由此可见，气态下物质的反应速度，并不能仅以分子碰撞次数的多少来加以解释。这是因为在互相碰撞的分子间会产生一般的排斥力，只有在它们的动能极高时，才能在分子的组成部分产生显著的振动，引起键能减弱，使分子各部位有可能重排，亦即有可能引起化学反应。这种动能，按其大小而言，接近于键的破坏能，因而至少是 2.1～41.8kJ/mol。这就意味着一切反应必须在极高温度下才能发生，因为 41.8kJ/mol 的活化能相当于 1200～1400℃ 的反应温度。假如同意这种观点，那么燃烧与氧化反应应该是特别困难的，因为双键 O＝O 的破坏能是 49kJ/mol，而 C—H 键的破坏能为 33.5～41.8kJ/mol。但是，实验证明，最简单的碳氢化合物的燃烧、氧化反应在 300℃ 左右就可以进行了。上面的推证排斥了下面这样一种见解，即可燃物质的燃烧是它们的分子与氧分子直接起作用而生成最终的氧化产物。

1.1.4　活化能理论

为了使可燃物和助燃物两种气体分子间产生氧化反应，仅仅依靠两种分子发生碰撞还不够，正如前面所说的，在互相碰撞的分子间会产生一般的排斥力。在通常的条件下，这些分子没有足够的能量来发生氧化反应，只有当一定数量的分子获得足够的能量以后，才能在碰撞时引起分子的组成部分产生显著的振动，使分子中的原子或原子群之间的结合减弱，分子各部分的重排才有可能，亦即有可能引起化学反应。这些具有足够能量的、在互相碰撞时会发生化学反应的分子，称为活性分子。活性分子所具有的能量要比普通分子平均能量高出一定值。使普通分子变为活性分子所必需的能量称为活化能。图 1-1 中的纵坐标表示所研究系统的分子能量，横坐标表示反应过程，A 点表示系统开始时的动力状态。当这个系

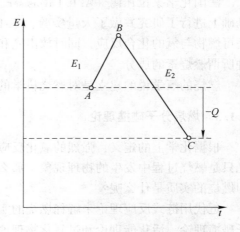

图 1-1　反应中分子活化能

统接收转入活性状态 B 所必需的能量 E_1 后，将引起反应，并且这个系统将在减弱能量 E_2 的情况下进入结束状态 C。

能量差

$$E_1 - E_2 = -Q \quad （E_2 \text{大于} E_1）$$

为反应的热效应。

活化能理论指出了可燃物和助燃物两种气体分子发生氧化反应的可能性及其条件。

1.1.5 过氧化物理论

过氧化物理论认为，分子在各种能量（热能、辐射能、电能、化学反应能等）的作用下可以被活化。比如在燃烧反应中，首先是氧分子 O＝O 在热能作用下活化，被活化的氧分子的双键之一断开，形成过氧基—O—O—。这种基团结合于被氧化物质的分子上面，从而形成过氧化物：

$$A + 2O =\!=\!= AO_2$$

在过氧化物的成分中有过氧基—O—O—，这种基中的氧原子较之游离氧分子中的氧原子更不稳定。因此，过氧化物是强烈的氧化剂，不仅能氧化形成过氧化的物质 A，而且也能氧化分子氧很难氧化的其他物质 B：

$$AO_2 + A =\!=\!= 2AO$$

$$AO_2 + B =\!=\!= AO + BO$$

例如，氢与氧的燃烧反应，通常直接表达为：

$$2H_2 + O_2 =\!=\!= 2H_2O$$

但按照过氧化物理论则认为先是氢和氧生成过氧化氢，而后才是过氧化氢再与氢反应生成 H_2O。其反应式如下：

$$H_2 + O_2 =\!=\!= H_2O_2$$

$$H_2O_2 + H_2 =\!=\!= 2H_2O$$

有机过氧化物通常可看作过氧化氢 H—O—O—H 的衍生物，其中，有一个或两个氢原子被烃基所取代而成为 H—O—O—R 或 R—O—O—R。所以，过氧化物是可燃物质被氧化时的最初产物，它们是不稳定的化合物，能够在受热、撞击、摩擦等情况下分解而产生自由基和原子，从而又促使新的可燃物质的氧化。

过氧化物理论在一定程度上解释了为何物质在气态下有被氧化的可能性。它假定氧分子只进行单键的破坏，这比双键的破坏要容易一些。因为破坏 1mol 氧的单键只需要 29.3～33kJ 的能量。但是若考虑到 C—H 键也必须破坏，氧分子也必须与碳氢化合物反应形成过氧化物，氧化过程还是很困难的。因此，巴赫又提出了另一种说法，即易氧化的可燃物质具有足以破坏氧中单键所需的"自由能"，所以不是可燃物质本身而是它的自由基被氧化。这种观点就是近代关于氧化作用的链式反应理论的基础。

1.1.6　链式反应理论

链式反应理论是由苏联科学家谢苗诺夫提出的。他认为物质的燃烧经历以下过程：可燃物质或助燃物质先吸收能量离解为游离基，与其他分子相互作用发生一系列连锁反应，将燃烧热释放出来。例如氯和氢的作用，氯在光的作用下被活化成活性分子，于是构成一连串的反应：

$$Cl_2 + h\nu(光量子) \Longrightarrow Cl^{\cdot} + Cl^{\cdot} \qquad 链的引发$$

$$Cl^{\cdot} + H_2 \Longrightarrow HCl + H^{\cdot}$$

$$H^{\cdot} + Cl_2 \Longrightarrow HCl + Cl^{\cdot} \qquad 链的传递$$

$$Cl^{\cdot} + H_2 \Longrightarrow HCl + H^{\cdot}$$

$$H^{\cdot} + Cl_2 \Longrightarrow HCl + Cl^{\cdot}$$

依此类推

$$Cl^{\cdot} + Cl^{\cdot} \Longrightarrow Cl_2 \qquad 链的中断$$

$$H^{\cdot} + H^{\cdot} \Longrightarrow H_2$$

上述反应式表明，最初的游离基（或称活性中心、作用中心等）是在某种能源的作用下生成的，产生游离基的能源可以是受热分解或光照、氧化、还原、催化和射线照射等。游离基由于具有比普通分子平均动能更多的活化能，所以其活动能力非常强，在一般条件下是不稳定的，容易与其他物质分子进行反应而生成新的游离基，或者自行结合成稳定的分子。因此，利用某种能源设法使反应物产生少量的活性中心——游离基时，这些最初的游离基即可引起连锁反应，因而使燃烧得以持续进行，直至反应物全部反应完毕。在连锁反应中，如果作用中心消失，就会使连锁反应中断，而使反应减弱直至燃烧停止。

总的来说，连锁反应机理大致可分为三段：（1）链引发。即游离基生成，使链式反应开始。（2）链传递。游离基作用于其他参与反应的化合物，产生新的游离基。（3）链终止。即游离基的消耗使连锁反应终止。造成游离基消耗的原因是多方面的，如游离基相互碰撞生成分子，与掺入混合物中的杂质起副反应，与非活性的同类分子或惰性分子互相碰撞而将能量分散，撞击器壁而被吸附等。

在链式反应中，存在着链的增长速度和链的中断速度。当链的增长速度等于或大于链的中断速度时，燃烧才能产生和持续，当链的中断速度大于链的增长速度反时，燃烧则不会发生或正在进行的燃烧会停止。

链式反应有分支连锁反应和不分支连锁反应两种。上述氯和氢的反应是不分支连锁反应的典型，即活化一个氯分子可出现两个氯的游离基，也就是两个连锁反应的活性中心，每一个氯的游离基都进行自己的连锁反应，而且每次反应只引出一个新的游离基。

氢和氧的反应则属于分支连锁反应：

Ⅰ　$H_2+O_2 \Longrightarrow 2OH^{\cdot}$

Ⅱ　$OH^{\cdot}+H_2 \Longrightarrow H_2O+H^{\cdot}$

Ⅲ　$H^{\cdot}+O_2 \Longrightarrow OH^{\cdot}+O^{\cdot}$

Ⅳ　$O^{\cdot}+H_2 \Longrightarrow OH^{\cdot}+H$

由于反应式Ⅲ和Ⅳ各生成两个活化中心，因此，这些反应中连锁会分支，如图 1-2 所示。

总的来说，燃烧的链式反应机理是，可燃物质的分子与氧化剂混合并且活化形成有效碰撞，导致可燃物分子与氧化剂分子原有旧化学键断裂，形成链的引

图 1-2　分支连锁反应

发，并不断传递，形成链的传递，最终键增长速度低于链中止速度时，形成较稳定的新键，也就是链的终止。

1.2　燃烧类型与特征

燃烧是同时放热发光的氧化反应，它可分为闪燃、着火和自燃等类型。每一种类型的燃烧都有其各自的特征。研究防火技术，就必须具体地分析每一类型燃烧发生的特殊原因及其特点，才能有针对性地采取行之有效的防火措施。

1.2.1　氧化与燃烧

1.2.1.1　物质的氧化与燃烧现象

物质的氧化反应现象是普遍存在的，由于反应的速度不同，可以体现为一般的氧化现象和燃烧现象。当氧化反应速度比较慢时，例如油脂或煤堆在空气中缓慢与氧的化合、铁的氧化生锈等，虽然在氧化反应时也是放热的，但因其反应缓慢，同时又很快散失掉，因而没有发光现象。如果是剧烈的氧化反应，放出光和热，即是燃烧。例如由于散热不良、热量积聚，不断加快煤堆的氧化速度，使温度升高至自燃点而导致煤堆的燃烧；铁在通常情况下被认为是不可燃物质，然而赤热的铁块在纯氧中却会剧烈氧化燃烧等，这就是说，氧化和燃烧都是同一种化学反应，只是反应的速度和发生的物理现象（热和光）不同。在生产和日常生活中发生的燃烧现象，大都是可燃物质与空气（氧）的化合反应，也有的是分解反应。

简单的可燃物质燃烧时，只是该物质与氧的化合，例如碳和硫的燃烧反应。其反应式为：

$$C + O_2 \longrightarrow CO_2, \ \Delta H$$

$$S + O_2 \longrightarrow SO_2, \ \Delta H$$

复杂物质的燃烧，先是物质受热分解，然后发生化合反应。例如，丙烷和乙炔的燃烧反应：

$$C_3H_8 + 5O_2 === 3CO_2 + 4H_2O, \ \Delta H$$

$$2C_2H_2 + 5O_2 === 4CO_2 + 2H_2O, \ \Delta H$$

而含氧的炸药燃烧时，则是一个复杂的分解反应。例如，硝化甘油的燃烧反应：

$$4C_3H_5(ONO_2)_3 === 12CO_2 + 10H_2O + O_2 + 6N_2$$

1.2.1.2 燃烧的氧化反应

现已知道，燃烧是一种放热发光的氧化反应。

最初，氧化被认为仅是氧气与物质的化合，但现在则被理解为：凡是物质的元素失去电子的反应就是氧化反应。反应中，失掉电子的物质被氧化，而获得电子的物质被还原。以氯和氢的化合为例，其反应式如下：

$$H_2 + Cl_2 \longrightarrow 2HCl, \ \Delta H$$

氯从氢中取得一个电子，因此，氯在此反应中即为氧化剂。这就是说，氢被氯所氧化并放出热量和呈现出火焰，此时虽然没有氧气参与反应，但发生了燃烧。又如铁能在硫中燃烧，铜能在氯中燃烧，虽然铁和铜没有和氧化合，但所发生的反应是剧烈的氧化反应，并伴有热和光发生。

放热、发光和氧化反应是燃烧现象的三个特征，据此可区别燃烧现象与其他的氧化现象。例如，灯泡中的灯丝当电流通过时，虽然同时放热发光，但没有氧化反应，而是仅发生了由电能转化为电阻热能的能量转换，属物理现象。还有前述铁的缓慢氧化反应，没有同时出现放热发光现象，故不属于燃烧。

1.2.2 闪燃与闪点

可燃液体的温度越高，蒸发出的蒸气越多。当温度不高时，液面上少量的可燃蒸气与空气混合后，遇着火源而发生一闪即灭（延续时间少于 5s）的燃烧现象，称闪燃。可燃液体蒸发出的可燃蒸气足以与空气构成一种混合物，并在与火源接触时发生闪燃的最低温度，称为该液体的闪点。闪点越低，火灾危险性越大。如乙醚的闪点为 -45℃，煤油为 28~45℃，说明乙醚不仅比煤油的火灾危险性大，而且还表明乙醚具有低温火灾危险性。

应当指出，可燃液体之所以会发生一闪即灭的闪燃现象，是因为它在闪点的温度下蒸发速度较慢，所蒸发出来的蒸气仅能维持短时间的燃烧，而来不及提供足够的蒸气补充维持稳定的燃烧。也就是说，在闪点温度时，燃烧的仅仅是可燃液体所蒸发的那些蒸气，而不是液体自身在燃烧，即还没有达到使液体能燃烧的温度，所以燃烧表现为一闪即灭的现象。

闪燃是可燃液体发生着火的前奏，从消防的观点来说，闪燃就是危险的警告，闪点是衡量可燃液体火灾危险性的重要依据。因此，研究可燃液体火灾危险性时，闪燃现象是必须掌握的一种燃烧类型。常见可燃液体的闪点见表 1-1。

表 1-1 常见可燃液体的闪点 （℃）

名称	闪点	名称	闪点	名称	闪点	名称	闪点
乙醚	−45	二氯乙烷	21	丁二烯	41	丙酸乙酯	12
乙烯醚	−30	二甲苯	25	十氢化萘	57	丙醛	15
乙胺	−18	二甲基吡啶	29	三甲基氯化硅	−18	丙烯酸乙酯	16
乙烯基氯	−17.8	二异丁胺	29.4	三氟甲基苯	−12	丙胺	<20
乙醛	−17	二甲氨基乙醇	31	三乙胺	4	丙烯醇	21
乙烯正丁醚	−10	二乙基乙二酸酯	44	三聚乙醛	26	丙醇	23
乙烯异丁醚	−10	二乙基乙烯二胺	46	三甘醇	166	丙苯	30
乙硫醇	<0	二聚戊烯	46	三乙醇胺	179.4	丙酸丁酯	32
乙基正丁醚	1.1	二丙酮	49	飞机汽油	−44	丙酸正丙酯	40
乙腈	5.5	二氯乙醚	55	乙烷	−23	丙酸异戊酯	40.5
乙醇	14	二甲基苯胺	62.8	乙胺	26.3	丙酸戊酯	41
乙苯	15	二氯异丙醚	85	乙醛	32	丙烯酸丁酯	48.5
乙基吗啡林	32	二乙二醇乙醚	94	乙酮	35	丙烯氯乙醇	52
乙二胺	33.9	二苯醚	115	乙酸	102	丙酐	73
乙酰乙酸乙酯	35	丁烯	−80	天然汽油	−50	丙二醇	98.9
醋酸	38	丁酮	−14	反二氯乙烯	6	石油醚	−50
乙酰丙酮	40	丁胺	−12	六氢吡啶	16	原油	−35
乙基丁醇	58	丁烷	−10	六氢苯酸	68	石脑油	25.6
乙二醇丁醚	73	丁基氯	−6.6	火棉胶	17.7	甲乙醚	−37
二氯乙烯	14	丁醇醛	82.7	丙酸甲酯	−3	乙醇胺	85
二氯丙烯	15	丁二酸酐	88	丙烯酸甲酯	−2.7	乙二醇	100

名称	闪点	名称	闪点	名称	闪点	名称	闪点
二硫化碳	−45	丁烯醛	13	水杨酸甲酯	101	甲酸乙酯	−20
二烯乙醚	−30	丁酸甲酯	14	水杨酸乙酯	107	甲硫醇	−17.7
二乙胺	−26	丁烯酸甲酯	<20	巴豆醛	12.8	甲基丙烯醛	−15
二甲醇缩甲醛	−18	丁酸乙酯	25	壬烷	31	甲乙酮	−14
二氯甲烷	−14	丁烯醇	34	壬醇	83.5	甲基环己烷	−4
二甲二氯硅烷	−9	丁醇	35	丙醚	−26	甲酸正丙酯	−3
二异丙胺	−6.6	丁醚	38	丙基氯	−17.8	甲酸异丙酯	−1
二甲胺	−6.2	丁苯	52	丙烯醛	−17.8	甲苯	4
二甲基呋喃	7	丁酸异戊酯	62	丙酮	−10	甲基乙烯丙酮	6.6
二丙胺	7.2	丁酸	77	丙烯醚	−7	甲醇	7
甲基戊酮醇	8.8	冰醋酸	40	丙烯腈	−5	甲酸异丁酯	8
甲酸丁酯	17	吡啶	20	酚	79	醋酸甲酯	−13
甲酸戊酯	22	间二甲苯	25	硝酸甲酯	−13	醋酸乙烯酯	−7
甲基异戊酮	23	间甲酚	36	硝酸乙酯	1	醋酸乙酯	−4
甲酸	69	辛烷	16	硝基丙烷	31	醋酸醚	−3
甲基丙烯酸	76.7	环氧丙烷	−37	硝基甲烷	35	醋酸丙酯	20
戊烷	−42	环己烷	6.3	硝基乙烷	41	醋酸丁酯	22.2
戊烯	−17.8	环己胺	32	硝基苯	90	醋酸酐	40
戊酮	15.5	环氧氯丙烷	32	氯乙烷	−43	樟脑油	47
戊醇	49	环己酮	40	氯丙烯	−32	噻吩	−1
丁醛	−16	煤油	28	甲酸甲酯	−32	对二甲苯	25
丁烯酸乙酯	2.2	水杨醛	90	甲基戊二烯	−27	正丁烷	−60
正丙醇	22	松节油	32	氯丙烷	−17.7	溴苯	65
四氢呋喃	−15	松香水	62	氯丁烷	−9	碳酸乙酯	25
四氢化萘	77	苯	−14	氯苯	27	糠醇	66
甘油	160	苯乙烯	38	氯乙醇	55	糠醛	76
异戊二烯	−42	苯甲醛	62	硫酸二甲酯	83	缩醛	−2.8
异丙苯	34	苯胺	71	氢氰酸	−17.5	绿油	65
异戊醛	39	苯甲醇	96	溴乙烷	−25		
邻甲苯胺	85	氧化丙烯	−37	溴丙烯	−1.5		

可燃液体的闪点可采用仪器测定，测定器有开口式和闭口式两种。图 1-3 所示为开口杯闪点测定器，主要由内坩埚、外坩埚、温度计和点火器组成。被测试样在规定升温速度等条件下加热到它的蒸气与点火器火焰接触发生闪燃时，温度计上所标示的最低温度，即为被测定可燃液体的闪点，并标注为"开杯闪点"。对闪点较高的可燃液体，经常用开杯仪器测定。

为取得试样的燃点，应继续进行加热，并定时断续点火。当试样的蒸气接触点火器火焰时立即着火，并能持续燃烧不少于 5s，则此时的温度即为试样的燃点。

图 1-4 所示为闭口杯闪点测定器，主要由点火器、油杯、搅拌桨、电炉盘、电动机和温度计等组成。油杯在规定的温升速度等条件下加热，并定期进行搅拌（在点火时停止搅拌）。点火时打开孔盖 1s 后，出现闪火时的温度为该试样的闪点，并标注"闭杯闪点"。闭杯测定器通常用于测定常温下能闪燃的液体。同一种物质的开杯闪点要高于闭杯闪点。可燃液体水溶液的闪点会随水溶液浓度的降低而升高，如表 1-2 列出醇水溶液的闪点随醇含量的减少而升高。从表中所列数值可以看出，当乙醇含量为 100% 时，11℃ 即发生闪燃，而含量降至 3% 时则没有闪燃现象。利用此特点，对水溶性液体的火灾用大量水扑救，降低可燃液体的浓度可减弱燃烧强度，使火熄灭。

图 1-3　开口杯闪点测定

图 1-4　闭口杯闪点

表 1-2　醇水溶液的闪点

溶液中醇的含量/%	闪点/℃		溶液中醇的含量/%	闪点/℃	
	甲醇	乙醇		甲醇	乙醇
100	7	11	10	60	50
75	18	22	5	无	60
55	22	23	3	无	无
40	30	25			

除了可燃液体以外，某些能蒸发出蒸气的固体，如石蜡、樟脑、萘等，其表面上所产生的蒸气达到一定的浓度，与空气混合而成为可燃的气体混合物，若与明火接触，也能出现闪燃现象。例如，木材的闪点为260℃左右，部分塑料的闪点见表1-3。

表1-3　部分塑料的闪点

材料名称	闪点/℃	材料名称	闪点/℃
聚苯乙烯	370	聚氯乙烯	530
聚乙烯	340	苯乙烯、异丁烯酸甲酯共聚物	338
乙烯纤维	290	聚氨基甲酸乙酯泡沫	310
聚酰胺	420	聚酯+玻璃钢纤维	298
苯乙烯丙烯腈共聚树脂	366	密胺树脂+玻璃纤维	475

通过对闪燃特征的研究，可以了解到可燃液体的燃烧不是液体本身而是它的蒸气，也就是说是蒸气在着火爆炸。在生产中，由于人们未能认识到可燃液体的这个特点，常因此而造成火灾爆炸事故。例如，某厂的变压器油箱因腐蚀产生裂纹而漏油，为了不间断生产，未经置换处理就冒险直接进行补焊。由于该裂纹离液面较远，所幸未发生事故。于是有不少企业派人到该厂参观学习，为给大家演示，该厂找来一个报废的油箱，将油灌入，使液面略高于裂纹，来访者在四周围观。此次由于裂纹距液面很近，刚开始补焊，高温便引燃液面上的蒸气，发生爆炸，飞溅出的无数油滴都带着火苗，造成多人受伤事故。

1.2.3　自燃与自燃点

可燃物质受热升温而不需明火作用就能自行燃烧的现象称为自燃。通常是由于物质的缓慢氧化作用放出热量，或靠近热源等原因使物质的温度升高；同时，由于散热受到阻碍，造成热量积蓄，当达到一定温度时就会引起燃烧，这是物质自发的着火燃烧。由于自燃是物质在没有明火作用下的自行燃烧，所以引起火灾的危险性很大。

引起物质发生自燃的最低温度称为自燃点。例如，黄磷的自燃点为30℃，煤的自燃点为320℃。自燃点越低，火灾危险性越大。某些气体及液体的自燃点见表1-4。

表1-4　某些气体及液体的自燃点

化合物	分子式	自燃点/℃		化合物	分子式	自燃点/℃	
		空气中	氧气中			空气中	氧气中
氢	H_2	572	560	丁烯	C_4H_8	443	—

续表 1-4

化合物	分子式	自燃点/℃		化合物	分子式	自燃点/℃	
		空气中	氧气中			空气中	氧气中
一氧化碳	CO	609	588	戊烯	C_5H_{10}	273	—
氨	NH_3	651	—	乙炔	C_2H_2	305	296
二硫化碳	CS_2	120	107	苯	C_6H_6	580	566
硫化氢	HS	292	220	环丙烷	C_3H_6	498	454
氢氰酸	HCN	538	—	环己烷	C_6H_{12}	—	296
甲烷	CH_4	632	556	甲醇	CH_4O	470	461
乙烷	C_2H_6	472	—	乙醇	C_2H_6O	392	—
丙烷	C_3H_8	493	468	乙醛	C_2H_4O	275	159
丁烷	C_4H_{10}	408	283	乙醚	$C_4H_{10}O$	193	182
戊烷	C_5H_{12}	290	250	丙酮	C_3H_6O	561	485
己烷	C_6H_{14}	248	—	醋酸	$C_2H_4O_2$	550	490
庚烷	C_7H_{16}	230	214	二甲醚	C_2H_6O	350	352
辛烷	C_8H_{18}	218	208	二乙醇胺	$C_4H_{11}NO_2$	662	—
壬烷	C_9H_{20}	285	—	甘油	$C_3H_8O_3$	—	320
癸烷（正）	$C_{10}H_2$	250		石脑油		—	277
乙烯	C_2H_4	490	485				
丙烯	C_3H_6	458	—				

1.2.3.1 物质自燃过程

可燃物质与空气接触，并在热源作用下温度升高，为什么会自行燃烧呢？可燃物质在空气中被加热时，最先开始缓慢氧化并放出热量，该热量提高了可燃物质的温度，促使氧化反应速度加快；与此同时，也存在着向周围的散热损失，亦即同时存在着产热和散热两种情况。当可燃物质氧化产生的热量小于散失的热量时，比如物质受热而达到的温度不高，氧化反应速度小，产生的热量不多，而且周围的散热条件又较好的情况下，可燃物质的温度不能自行上升达到自燃点，可燃物便不能自行燃烧；如果可燃物被加热至较高温度，反应速度较快，或由于散热条件不良，氧化产生的热量不断聚积，温度升高而加快氧化速度，在此情况下，当热的产生量超过散失量时，反应速度的不断加快使温度不断升高，直至达到可燃物的自燃点而发生自燃现象。

可燃物质受热升温发生自燃及其燃烧过程的温度变化情况如图 1-5 所示。图中的曲线表明，可燃物在开始加热时，即温度为 T_H 的一段时间里，由于许多热量消耗于熔化、蒸发或发生分解，因此可燃物的缓慢氧化析出的热量很少并很快散失，可燃物质的温度只是略高于周围的介质。当温度上升达到 T_0 时，可燃物质氧化反应速度较快，但由于此时的温度不高，氧化反应析出的热量尚不足以超过向周围的散热量。如不继续加热，温度不再升高，可

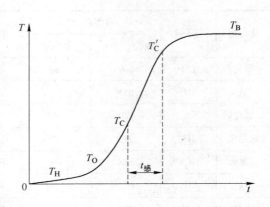

图 1-5　物质自燃过程的温度变化

燃物的氧化过程是不会转为燃烧的；但若继续加热升高温度，由于氧化反应速度加快，除热源作用外，反应析出热量亦较多，可燃物的温度即迅速升高而达到自燃点 T_c'，此时氧化反应产生的热量与散失的热量相等。当温度再稍微升高超过这种平衡状态时，即使停止加热，温度亦能自行快速升高，但此时火焰暂时还未出现，一直达到较高的温度 T_c' 时，才出现火焰并燃烧起来。

1.2.3.2　自燃的分类

"8·12 天津滨海新区爆炸事故"是一起发生在天津市滨海新区的重大安全事故。2015 年 8 月 12 日 23：30 左右，位于天津市滨海新区天津港的瑞海公司危险品仓库发生火灾爆炸事故。此次事故中爆炸总能量约为 450t TNT 当量，造成 165 人遇难、8 人失踪、798 人受伤，304 幢建筑物、12428 辆商品汽车、7533 个集装箱受损。调查结果表明，事故的直接原因是瑞海公司危险品仓库运抵区南侧集装箱内硝化棉由于湿润剂散失出现局部干燥，在高温（天气）等因素的作用下加速分解放热，积热自燃，引起相邻集装箱内的硝化棉和其他危险化学品长时间大面积燃烧，导致堆放于运抵区的硝酸铵等危险化学品发生爆炸。

根据促使可燃物质升温的热量来源不同，自燃可分为受热自燃和自热自燃两种。

（1）受热自燃。可燃物质由于外界加热，温度升高至自燃点而发生自行燃烧的现象称为受热自燃。例如，火焰隔锅加热引起锅里油的自燃。

受热自燃是引起火灾事故的重要原因之一，在火灾案例中，有许多是因受热自燃引起的。生产过程中发生受热自燃的原因主要有以下几种。

1）可燃物质靠近或接触热量大和温度高的物体时，通过热传导、对流和辐射作用，有可能将可燃物质加热升温到自燃点而引起自燃。例如，可燃物质靠近

或接触加热炉、暖气片、电热器、灯泡或烟囱等灼热物体。

2）在熬炼（如熬油、熬沥青等）或热处理过程中，温度过高达到可燃物质的自燃点而引起着火。

3）由于机器的轴承或加工可燃物质的机器设备相对运动部件缺乏润滑、冷却或造成局部过热，引起可燃物质受热或缠绕纤维物质，增大摩擦力，产生大量热量。纺织、棉花加工厂等由此原因引起的火灾较多。

4）放热的化学反应会释放出大量的热量，有可能引起周围的可燃物质受热自燃。例如，在建筑工地上由于生石灰遇水放热引起可燃材料的着火事故等。

5）气体在很高压力下突然压缩时，释放出的热量来不及导出，温度会骤然增高，能使可燃物质受热自燃。可燃气体与空气的混合气体受绝热压缩时，高温会引起混合气体的自燃和爆炸。

此外，高温的可燃物质（温度已超过自燃点）一旦与空气接触也能引起着火。

（2）自热自燃。可燃物质由于本身的化学反应、物理或生物作用等所产生的热量，使温度升高至自燃点面发生自行燃烧的现象，称为自热自燃。自热自燃与受热自燃的区别在于热的来源不同：受热自燃的热来自外带加热；而自热自燃的热是来自可燃物质本身化学或物理的热效应，所以称自热自燃。在一般情况下，自热自燃的起火特点是从可燃物质的内部向外炭化、延烧；而受热自燃往往是从外部向内延烧。

由于可燃物质的自热自燃不需要外部热源，所以在常温下甚至在低温下也能发生自燃。因此，能够发生自热自燃的可燃物质比其他可燃物质的火灾危险性更大。

热源来自化学反应的自热自燃，如油脂在空气（或氧气）中的自燃。油脂是由于本身的氧化和聚合作用而产生热量，在散热不良造成热量积聚的情况下，使得温度升高达到自燃点而发生燃烧的。因此，油脂中含有能够在常温或低温下氧化的物质越多，其自燃能力就越大；反之，自燃能力就越小。油类可分为动物油、植物油和矿物油三种，其中自燃能力最大的是植物油，其次是动物油，而矿物油如果不是废油或者没有掺入植物油是不能自燃的。有些浸渍矿物质润滑油的纱布或油棉丝堆积起来亦能自燃，这是因为在矿物油中混杂有植物油的缘故。

植物油和动物油是由各种脂肪酸甘油酯组成的，它们的氧化能力主要取决于不饱和脂肪酸甘油酯含量的多少。不饱和脂肪酸有油酸、亚油酸、亚麻酸、桐油酸等，它们分子中的碳原子存在一个或几个双键。

综上所述，由于双键具有较高的键能，即不饱和脂肪酸具有较多的自由能，于室温下便能在空气中氧化，并析出热量；而且在不饱和脂肪酸发生氧化的同时，还进行聚合反应，聚合反应过程也能在常温下进行，并析出热量。这种过程如果循环持续地进行下去，在避风散热不良的条件下，由于积热升温，就能使浸渍不饱和油脂的物品自燃。

油脂的自燃还与油和浸油物质的比例、蓄热条件及空气中的氧含量等因素有关。

浸渍油脂的物质如棉纱、碎布等纤维材料发生自燃，既需要有一定数量的油脂，又需要形成较大的氧化表面积。如果浸油量过多，会阻塞纤维材料的大部分小孔，减少其氧化表面，因而产生的热量少，温度也就不容易达到自燃点；如果浸油量过少，氧化发生的热量亦少，小于内外散失的热量，也不会发生自燃。因此，油和浸油物质需要有适当的比例，一般为1∶2和1∶3时，才会发生自燃。

油脂在空气中的自燃，需要在氧化表面积大而散热面积小的情况下才能发生，亦即在蓄热条件好的情况下才能自燃。如果把油浸渍到棉纱、棉布、棉絮、锯屑、铁屑等物质上，就会大大增加油的表面积，氧化时放出的热量也就相应地增加。如果把上述浸渍油脂的物质散开摊成薄薄一层，虽然氧化产生的热量多，但散热面积大，热量损失也多，还是不会发生自燃；如果把上述浸油物质堆积在一起，虽然氧化的表面积不变，但散热的表面积却大大减小，使得氧化时产生的热量超过散失的热量，造成热量积聚和升温，促使氧化反应过程加速，就会发生自燃。

根据有关实验，把破布和旧棉絮用一定数量的植物油浸透，将油布、油棉裹成一团，再用破布包好，把温度计插入其中，使室内保持一定温度，经过一定时间就逐渐呈现出以下自燃特征：

（1）开始无烟无味，当温度升高时，有青烟、微味，而后逐渐变浓；

（2）火由内向外延烧；

（3）燃烧后形成硬质焦化瘤。

有关实验条件和所得的数据见表1-5。

表1-5　棉织纤维自燃的实验条件和数据

序号	纤维/kg	油脂/kg	纤维与油脂比例	环境温度/℃	发生自燃时间/h	自燃点/℃
1	破布2.5 旧棉0.5	亚麻油1	3∶1	30	39	270
2	破布2.5 旧棉0.5	葵花籽油1	3∶1	20~30	52	210
3	破布3.5 旧棉0.8	桐油1	4∶1	26~33	22.5	264

序号	纤维/kg	油脂/kg	纤维与油脂比例	环境温度/℃	发生自燃时间/h	自燃点/℃
4	破布 5 旧棉 1	亚麻仁油 0.7 豆油 0.3 油漆 1.5 清油 0.5	2:1	30	14	264
5	破布 5 旧棉 1	亚麻仁油 0.7 豆油 0.3 油漆 1.5 清油 0.5	2:1	7~33	36	322

此外，空气中含氧量对自热自燃有重要影响，含氧量越多，越易发生自燃。有关实验表明，将油脂在瓷盘上涂上薄薄一层，于空气中放置时不会自燃；如果用氧气瓶的压缩纯氧喷吹与之接触，先是瓷盘发热，逐渐变为烫手，继而冒烟，然后出现火苗。这是油脂氧化发热引起的自热自燃。

防止油脂自燃的主要方法是将涂油物品（如油布、油棉纱等）散开存放，尽量扩大散热面积，而不应堆放或折叠起来；室内应有良好的通风；凡是装盛氧气的容器、设备、气瓶和管道等，均不得粘附油脂。

煤发生自燃的热量来自物理作用和化学反应，是由于它本身的吸附作用和氧化反应并积聚热量而引起。煤可分为泥煤、褐煤、烟煤和无烟煤四类，除无烟煤之外，都有自燃能力。一般含氢、一氧化碳、甲烷等挥发物质较多，以及含有一些易氧化的不饱和化合物和硫化物的煤，自燃的危险性比较大。无烟煤和焦炭之所以没有自燃能力，就是因为它们所含的挥发物量太少。

煤在低温时氧化速度不快，主要是表面吸附作用。它能吸附蒸气和氧等气体，进行缓慢氧化并使蒸气在煤的表面浓缩而变成液体，放出热量使温度升高；然后煤的氧化速度不断加快，如果散热条件不良，就会积聚热量，使温度继续升高，直到发生自燃。泥煤中含有大量微生物，它的自燃是由生物作用和化学作用放出热量引起的。

煤的挥发物含量、粉碎程度、湿度和单位体积的散热量等因素对煤的自燃均有很大的影响。煤中挥发物（甲烷、氢、一氧化碳）含量越高，氧化能力越强且越容易自燃；煤的颗粒越细，进行吸附作用与氧化的表面积越大，吸附能力强，氧化反应速度快，因此放出的热量也越多，所以越易自燃。湿度对煤的自燃过程有很大影响。煤里一般含有铁的硫化物，硫化铁在低温下能发生氧化，煤中水分多，可促使硫化铁加速氧化生成体积较大的硫酸盐，使煤块松散碎裂，暴露出更多的表面，加速煤的氧化，同时硫化铁氧化时还放出热量，从而促进煤的自燃过程。由此可知，有一定湿度的煤，其自燃能力要大于干燥的煤，这就是煤炭在雨季较易发生自燃的缘故。此外，煤的散热条件越差就越易自燃，若煤堆的高度过大且内部较疏松，即密实程度小、空隙率大，容易吸附大量空气，结果是有利于氧化和吸附作用，而热量又不易导出，所以就越易自燃。

防止煤自燃的主要措施是限制煤堆的高度并将煤堆压实。如果发现煤堆由于最初的吸附作用和缓慢氧化，温度较高（超过60℃）时，应及时挖出热煤，用新煤填平；如发现已有局部着火，应将着火的煤挖出，用水冷却，不要立即用水扑救；若发现着火面积较大，可用大量水浇灭。

植物的自燃主要是生物作用引起的，同时在这过程中也有化学反应和物理作用。许多植物，如稻草、树叶、棉籽及粮食等，一般都附着大量微生物，而且能自燃的植物都含有一定的水分，当大量堆积时，就可能因发热而导致自燃。微生物在一定的温度下生存和繁殖，在其呼吸繁殖过程中会不断产生热量。由于植物产品的导热性很差，热量不易散失而逐渐积聚，致使堆垛内温度不断升高，达到70℃以后细菌死亡，但这时植物产品中的有机化合物即开始分解并产生多孔的炭，能吸附大量蒸气和氧气。吸附过程是一种放热过程，从而使温度继续升高，达到100℃，接着又引起新的化合物分解炭化，促使温度不断升高，可达150～200℃，这时植物中的纤维开始分解，迅速氧化而析出更多的热量。由于反应速度加快，在积热不散的条件下，就会达到自燃点而自行着火。总体来说，影响植物自燃的因素主要是必须具有微生物生存的湿度，其次是散热条件。因此，预防植物自燃的基本措施是使植物处于干燥状态并存放在干燥的地方；堆垛不宜过高过大，注意通风；加强检测控制温度，防雨防潮等。

1.2.4　着火与着火点

（1）着火。可燃物质在某一点被着火源引燃后，若该点上燃烧所放出的热量足以把邻近的可燃物层提高到燃烧所必需的温度，火焰就会蔓延开来。因此，所谓着火就是可燃物质与火源接触而燃烧，并且在火源移去后仍能保持继续燃烧的现象。

（2）着火点定义。可燃物质发生着火的最低温度称为着火点或燃点，例如，木材的着火点为295℃，纸张的着火点为130℃。所有固态、液态和气态可燃物质，都有其着火点。常见可燃物质的着火点见表1-6。

（3）可燃液体的闪点与着火点的区别。在着火点时燃烧的不只是蒸气。在闪点时，移去火源后闪燃即熄灭；而在着火点时，液体则能继续燃烧。液体的着火点可采用测定闪点的开杯法进行测定。

表 1-6　几种可燃物质的着火点

物质名称	着火点/℃	物质名称	着火点/℃
黄磷	30	麦草	200
松节油	53	布匹	200
樟脑	70	硫	207
灯油	86	棉花	210
赛璐珞	100	豆油	220
橡胶	120	烟叶	222
纸张	130	松木	250
麻绒	150	醋酸纤维	320
漆布	165	胶布	325
蜡烛	190	涤纶纤维	390

可燃液体的着火点都高于闪点，而且闪点越低的可燃液体，其着火点与闪点的差数越小。例如，汽油、二硫化碳等的着火点与闪点仅相差1℃。因此，着火点对评价可燃固体和闪点较高的可燃液体（闪点在100℃以上）的火灾危险性具有实际意义，控制这类可燃物质的温度在着火点以下是预防发生火灾的有效措施之一。

在火场上，如果有两种燃点不同的物质处在相同的条件下，受到火源作用时，燃点低的物质首先着火，所以，存放燃点低的物质的地方通常是火势蔓延的主要方向。用冷却法灭火，其原理就是将燃烧物质的温度降低到燃点以下，使燃烧停止。

1.2.5　物质的燃烧历程

可燃物质在燃烧时，由于状态的不同，会发生不同的变化。比如，可燃液体的燃烧并不是液相与空气直接反应而燃烧，它一般是先受热蒸发为蒸气，然后再与空气混合而燃烧。某些可燃性固体（如硫、磷、石蜡）的燃烧是先受热熔融，再气化为蒸气，而后与空气混合发生燃烧；而另一些可燃性固体（如木材、沥青、煤）的燃烧，则是先受热分解，析出可燃气体和蒸气，然后与空气混合而燃烧，并留下若干固体残渣。由此可见，绝大多数液态和固态可燃物质是在受热后气化或分解成为气态，它们的燃烧是在气态下进行的，并产生火焰。有的可燃固体（如焦炭等）不能挥发出气态的物质，在燃烧时呈炽热状态，而不呈现出火焰。由于绝大多数可燃物质的燃烧都是在气态下进行的，故研究燃烧过程应从气体氧化反应的历程着手。物质的燃烧过程如图1-6所示。

图 1-6 物质的燃烧历程

　　综上所述，根据可燃物质燃烧时的状态不同，燃烧有气相和固相燃烧两种情况。气相燃烧是指在进行燃烧反应过程中，可燃物和助燃物均为气体，这种燃烧的特点是总有火焰产生。气相燃烧是一种最基本的燃烧形式，因为绝大多数可燃物质（包括气态、液体和固态可燃物质）的燃烧都是在气态下进行的。固相燃烧是指在燃烧反应过程中可燃物质为固态，这种燃烧也称表面燃烧。其特征是燃烧时没有火焰产生，只呈现光和热，例如上述焦炭的燃烧。金属燃烧也属于表面燃烧，无气化过程，燃烧温度较高。

　　有的可燃物质（如天然纤维物）受热时不熔融，而是首先分解出可燃气体进行气相燃烧，最后剩下的炭不能再分解了，则发生固相燃烧。所以这类可燃物质在燃烧反应过程中，同时存在着气相燃烧和固相燃烧。

1.2.6 燃烧速度

1.2.6.1 气体燃烧速度

在通常情况下，单一化学组分的气体（如氢气）比复杂气体（如甲烷）的燃烧速度快，因为后者需要经过受热、分解、氧化过程才能开始燃烧；动力燃烧速度高于扩散燃烧速度。

气体的燃烧速度常以火焰传播速度来衡量。将某些气体与空气混合物置于 25.4mm 直径的管道中进行火焰传播速度的试验，结果见表 1-7。

表 1-7 可燃气体的火焰传播速度

气体	火焰最高传播速度/$m \cdot s^{-1}$	可燃气体在混合物中的浓度/%	气体	火焰最高传播速度/$m \cdot s^{-1}$	可燃气体在混合物中的浓度/%
氢	4.83	38.5	丙烷	0.32	4.6
一氧化碳	1.25	45	丁烷	0.82	3.6
甲烷	0.67	9.8	乙烯	1.42	7.1
乙烷	0.85	6.5	炉煤气	1.70	17
水煤气	3.1	43	焦炉发生煤气	0.73	48.5

可燃气体混合物的火焰传播速度受多种因素的影响：

首先，是与可燃气体的浓度有关。从理论上讲，可燃气体在完全反应浓度时的燃烧速度是火焰传播速度的最大值，但实际测定发现，是在稍高于完全反应浓度的时候。其次，混合物中的惰性气体浓度增加，由于消耗热能而使火焰传播速度降低。再次，混合物的初始温度越高，火焰传播速度越快。最后，在不同直径的管道中测试火焰传播速度的结果表明，一般随着管道直径的增加，火焰传播速度增大，但有个极限值，管道直径超过这个极限值，火焰传播速度不再增大；反之，当管道直径减小，火焰传播速度减慢，当管道直径小于某一直径时，火焰就不能传播。火焰传播速度又称火焰传播率，是单位时间内火焰在燃烧物表面上向前移动的直线速度。可燃性气体的火焰传播速度实际上就是它的燃烧速度，可按下式计算

$$v_0 = m/\rho_0$$

式中，v_0 为火焰传播速度，cm/s；m 为火焰峰面单位面积上每秒钟烧掉的可燃物数量，$g/(cm^2 \cdot s)$；ρ_0 为可燃气体的密度，g/cm^3。

1.2.6.2 液体燃烧速度

液体燃烧速度取决于液体的蒸发。液体在其自由表面上进行燃烧时，燃烧速

度有两种表示方法：一种是液体的燃烧直线速度，即单位时间被燃烧消耗的液层厚度，单位为 mm/min 或 cm/h；另一种是液体的燃烧质量速度，即单位时间内每单位面积上被燃烧消耗的液体质量，单位为 g/（cm² · min）或 kg/（m² · h）。几种液体的燃烧速度见表1-8。

表1-8　几种液体的燃烧速度

液体名称	直线速度/mm · min⁻¹	质量速度/kg · (m² · h)⁻¹
甲醇	1.2	57.6
丙酮	1.4	66.36
乙醚	2.93	125.84
苯	3.15	165.37
甲苯	16.08	138.59
航空汽油	12.6	91.98
车用汽油	10.5	80.85
二硫化碳	10.47	132.97

为加快液体的燃烧速度和提高燃烧效率，可采用喷雾燃烧，即通过喷嘴将液体喷成雾滴，从而扩大液体蒸发的表面积，促使提高燃烧速度和燃烧效率。若在油中掺水，即为乳化燃烧。

提高液体的初始温度，会加快燃烧速度。例如，苯在初温为16℃时，燃烧速度为3.15mm/min，70℃时则为4.07mm/min；甲苯在初温为17℃时，燃烧速度为2.68mm/min，60℃时则为4.01mm/min。液体在储罐内液面的高低不同，燃烧速度亦不同，储罐中低液位燃烧比高液位燃烧的速度快。含有水分比不含水分的石油产品燃烧速度慢。风速对火焰蔓延速度也有很大影响，风速大时，火焰温度高，液面的热量多，燃烧速度增快。液体燃烧速度还与储罐直径有关。

1.2.6.3　固体燃烧速度

固体物质的燃烧速度比较复杂，一般小于可燃气体和液体，特别是有些固体的燃烧过程需先受热融化，经蒸发、气化、分解再氧化燃烧，所以速度慢，然而含氧的火（炸）药燃烧速度很快。

固体物质的燃烧速度与比表面积（即固体物质的表面积与其体积的比值）有关，比表面积越大，燃烧时固体单位体积接受的热量越大，因此燃烧速度越快。比表面积的大小与固体的粒度、几何形状等有关。此外，可燃固体的密度越大，燃烧速度越慢；固体的含水量越多，燃烧速度亦越慢。表1-9列出某些固体物质的燃烧速度。

表 1-9　某些固体物质的燃烧速度

物质名称	燃烧的平均速度 /kg·(m²·h)⁻¹	物质名称	燃烧的平均速度 /kg·(m²·h)⁻¹
木材（水分14%）	50	棉花（水分6%~8%）	8.5
天然橡胶	30	棉花（水分6%~8%）	30
人造橡胶	24	纸张	24
布质电胶木	32	有机玻璃	41.5
酚醛塑料	10	人造短纤维（水分6%）	21.6

1.2.7　燃烧产物

发生火灾时，人们会看到熊熊烈火吞噬了大量财产，同时无情地烧伤烧死未来得及逃生的在场人员。然而，在火场上威胁人们生命安全的不仅是火焰，还有燃烧产物。

1.2.7.1　燃烧产物的组成

燃烧产物包括不能再燃烧的生成物，如二氧化碳、二氧化硫、水蒸气、五氧化二磷、二氧化氮等；以及还能继续燃烧的生成物，如一氧化碳、未燃尽的炭和醇类、酮类、醛类等。例如，木材完全燃烧时产生二氧化碳、水蒸气和灰分；而在不完全燃烧时，除上列生成物外，还有一氧化碳、甲醇、丙酮、乙醛以及其他干馏产物，这些生成物除了仍具有燃烧性外，有的与空气混合还有爆炸的危险性，如一氧化碳与空气混合能形成爆炸性混合物。

燃烧产物的组成比较复杂，与可燃物质的成分和燃烧条件有关。例如，塑料、橡胶、纤维等各种高分子合成材料，在燃烧时，除生成二氧化碳、一氧化碳和水蒸气外，还有可能生成氯化氢、氨、氰化氢、硫化氢和一氧化氮等有毒或有刺激性的气体。

燃烧产物中还有眼睛看得见的烟雾。烟雾是由悬浮于空气中的未燃尽的炭粒、灰分以及微小液滴（水滴、酮类和醛类液滴）等组成的气溶胶。

1.2.7.2　燃烧产物对人体和火势发展过程的影响

氮氧化物对眼睛和上呼吸道黏膜刺激较轻，主要侵入呼吸道深部的细支气管及肺泡。当氮氧化物进入肺泡后，因肺泡的表面湿度增加，反应加快，在肺泡内约可阻留80%，一部分变为四氧化二氮。四氧化二氮与二氧化氮均能与呼吸道黏膜的水分作用生成亚硝酸与硝酸，对肺组织产生强烈的刺激及腐蚀作用，从而增加毛细血管及肺泡壁的通透性，引起肺水肿。亚硝酸盐进入血液后还可引起血管扩张、血压下降，并可与血红蛋白作用生成高铁血红蛋白，引起组织缺氧。高浓度的一氧化氮亦可使血液中的氧和血红蛋白变为高铁血红蛋白，引起组织缺氧。

因此，在一般情况下当污染以二氧化氮为主时，对肺的损害比较明显，严重时可出现以肺水肿为主的病变。而当混合气体中有大量一氧化氮时，高铁血红蛋白的形成就占优势，此时中毒发展迅速，出现高铁血红蛋白症和中枢神经损害症状。一氧化氮含量在 100×10^{-6} 以上时，几分钟就能致人和动物死亡，吸入浓度为 5×10^{-6} 的二氧化氮，几分钟就能危害呼吸系统。氮氧化物由于参与光化学烟雾和酸雨的形成，所以危害性更大。一氧化碳是火灾中致人死亡的主要燃烧产物之一，是一种有毒气体，其毒性在于和人体血红蛋白亲和，生成一氧化碳血红蛋白，它能阻碍人体血液中氧气的输送，引起头痛、虚脱、神智不清等症状和肌肉调节障碍等，严重时会致人死亡。二氧化碳对人体的危害最主要的是刺激人的呼吸中枢，导致呼吸急促、烟气吸入量增加，并且会引起头痛、神智不清等症状。硫化物是指金属离子与硫离子或硫氢根离子形成的化合物，该类物质易从水中逸散于空气，且气味恶臭，严重污染大气，危害人体健康。污水中当硫化物浓度过高时，活性污泥中的微生物的细胞结构遭到破坏以及菌体内的酶变质，其活性受到抑制和毒害；此外，硫化物浓度过高会引起丝状硫黄细菌，引起污泥膨胀，沉降性能下降，造成污泥流失。

燃烧产物对人体和火势发展过程的影响主要有以下几方面。

（1）燃烧产物除水蒸气外，其他产物大都对人体有害。

表 1-10　燃烧产物对人体的危害

物质	浓度/%	对人体危害
CO	0.1	头晕、头疼、作呕
	0.5	20~30min 有死亡危险
	1	吸气数次失去知觉，1~2min 中毒死亡
SO_2	<0.05	刺激眼睛和呼吸道，引起咳嗽
	≥0.05	有生命危险
P_2O_5	—	刺激呼吸器官，引起咳嗽和呕吐
HCl	—	强烈刺激眼睛和呼吸系统
NO/NO_2	—	对呼吸系统有强烈的刺激和腐蚀作用
CO_2	过高	窒息
H_2O	—	无

（2）燃烧产物中的烟雾会影响人们的视力，较高浓度的烟雾会大大降低火场的能见度，使人们迷失方向，找不到逃脱火场的出路，给人员的疏散造成困难。火场上弥漫的烟雾使灭火人员不易辨别火势发展的方向，不易找到起火的地点，妨碍灭火的行动，不便于抢救受困人员和重要物资。

（3）高温的燃烧产物在强烈热对流和热辐射过程中，可能引起其他可燃物的燃烧，有造成新的火源和促使火势发展的危险。不完全燃烧的产物都能继续燃烧，有的还能与空气混合发生爆炸。

（4）燃烧产物中的完全燃烧产物有阻燃作用。如果火灾发生在一个密闭的空间内，或将着火的房间所有孔洞封闭，随着火势的发展，空气中的氧气逐渐减少，氧气浓度低于12%时，不完全燃烧的产物浓度逐渐增高，当产物达到一定浓度（如空气中的二氧化碳浓度达到30%）时，燃烧则停止。

物质的化学成分和燃烧条件不同，燃烧生成的烟雾颜色和气味也不同，可据此大致确定是什么物质在燃烧。例如，橡胶燃烧时生成棕黑色烟雾，并带有硫化物的特殊臭味。某些可燃物质燃烧生成烟雾的特征见表1-11。燃烧产物的这些特点及其阻燃作用对灭火工作有利。

表 1-11　几种可燃物燃烧时烟雾的特征

可燃物质	烟的特征		
	颜色	嗅	味
木材	灰黑色	树脂臭	稍有酸味
石油产品	黑色	石油臭	稍有酸味
磷	白色	大蒜臭	—
镁	白色	—	金属味
硝基化合物	棕黄色	刺激臭	酸味
硫黄	—	硫臭	酸味
橡胶	棕黑色	硫臭	酸味
钾	浓白色	—	碱味
棉和麻	黑褐色	烧纸臭	稍有酸味
丝	—	烧毛皮臭	碱味
黏胶纤维	黑褐色	烧纸臭	稍有酸味
聚氯乙烯纤维	黑色	盐酸臭	稍有酸味
聚乙烯	—	石蜡臭	稍有酸味
聚丙烯	—	石油臭	稍有酸味
聚苯乙烯	浓黑烟	煤气臭	稍有酸味
棉纶	白烟	酰胺类臭	—
有机玻璃	—	芳香	稍有酸味
酚醛塑料（以木粉为填料）	黑烟	木头、甲醛臭	稍有酸味
脲醛塑料	—	甲醛臭	—
璃酸纤维	黑烟	醋臭	酸味

1.3　热值与燃烧温度

1.3.1　热值

我们知道，1mol 的物质与氧气进行完全燃烧反应时所放出的热量叫作该物质的燃烧热。例如，1mol 乙炔完全燃烧时放出 $130.6×10^4$ J 的热量，这些热量就是乙炔的燃烧热，其反应式为：

$$C_2H_5+2.5O_2 = 2CO_2+H_2O, \quad \Delta_r H_m^\ominus = +130.6×10^4 J$$

不同物质燃烧时放出的热量亦不相同。所谓热值，是指单位质量或单位体积的可燃物质完全燃烧时所放出的能量。可燃性固体或可燃性液体的热值以"J/kg"表示；可燃性气体的热值以"J/m³"表示。可燃物质燃烧爆炸时所能达到的最高温度、最高压力及爆炸力等与物质的热值有关。某些物质的燃烧热、热值和燃烧温度见表 1-12。

表 1-12　某些物质的燃烧热、热值和燃烧温度

物质的名称		燃烧热 /J·mol⁻¹	热　值		燃烧温度 /℃
			J/kg	J/m³	
碳氢化合物	甲烷	882577	—	39400719	1800
	乙烷	1542417	—	69333408	1895
	苯	3279939	4200000	—	—
	乙炔	1306282	—	58320000	2127
醇类	甲醇	715524	23864760	—	1100
	乙醇	1371270	30900694	—	1180
酮、醚类	丙酮	1787764	30915331	—	1000
	乙醚	2728538	36873148	—	2861
石油及其产品	原油	—	43961400	—	1100
	汽油	—	46892160	—	1200
	煤油	—	41449320~46054800	—	7001030
煤和其他物品	无烟煤	241997	31401000	—	2130
	氢气	—	—	10805293	1600
	煤气	—	32657040	—	1850
	木材	—	7117560~14653800	—	1000~1177

续表 1-12

物质的名称		燃烧热 /J·mol^{-1}	热 值		燃烧温度 /℃
			J/kg	J/m^3	
煤和其他物品	镁	61435	25120300	—	3000
	一氧化碳	285624	—	—	1680
	硫	334107	10437692	—	1820
	二硫化碳	1032465	14036666	12748806	2195
	硫化氢	543028	—	—	2110
	液化气	—	—	10467000~113800000	2020
	天然气	—	—	35462196~39523392	2120
	石油气	—	—	38434824~42161076	
	磷	—	24970075		
	棉花	—	17584560		

可燃物质的热值是用量热法测定出来的，或者根据物质的元素组成用经验公式计算。

1.3.1.1　气态可燃物热值的计算

可燃物质如果是气态的单质和化合物，其热值可按式（1-1）计算：

$$Q = \frac{1000 \times Q_r}{22.4} \tag{1-1}$$

式中　Q——可燃气体的热值，J/m^3；

　　　Q_r——可燃气体的燃烧热，J/mol。

[例 1-1]　试求乙炔的热值。

[解]　从表 1-12 中得到乙炔的燃烧热为 $130.6×10^4$J/mol，代入式（1-1）：

$$Q = \frac{1000 \times 130.6 \times 10^4}{22.4} = 5.83×10^7 J/m^3$$

答：乙炔的热值为 $5.83×10^7$J/m^3。

1.3.1.2　液态或固态可燃物热值的计算

可燃物质如果是液态或固态的单质或化合物，其热值可按式（1-2）计算：

$$Q = \frac{1000 \times Q_r}{M} \tag{1-2}$$

式中，M 为可燃液体或固体的摩尔质量。

[例 1-2]　试求苯的热值（苯的摩尔质量为 78）。

[解]　从表 1-12 中得到苯的燃烧热为 $328×10^4$J/mol，代入式（1-2）：

$$Q = \frac{1000 \times 328 \times 10^4}{78} = 4.21 \times 10^7 \text{J/kg}$$

答：苯的热值为 4.21×10^7 J/kg。

1.3.1.3　组成复杂的可燃物热值的计算

对于组成比较复杂的可燃物，如石油、煤炭、木材等，可采用门捷列夫经验公式计算其高热值和低热值。高热值是指单位质量的燃料完全燃烧，生成的水蒸气也全部冷凝成水时所放出的热量；低热值是指单位质量的燃料完全燃烧，生成的水蒸气不冷凝成水时所放出的热量。门捷列夫经验公式为：

$$Q_h = 81w_C + 300w_{H_2} - 26(w_{O_2} - w_S) \tag{1-3}$$

$$Q_l = 81w_C + 300w_{H_2} - 26(w_{O_2} - w_S) - 6(9w_{H_2} + w_{H_2O}) \tag{1-4}$$

式中　Q_h，Q_l——可燃物质的高热值和低热值，kcal/kg；

$\quad\quad w_C$——可燃物质中碳的质量分数，%；

$\quad\quad w_{H_2}$——可燃物质中氢的质量分数，%；

$\quad\quad w_{O_2}$——可燃物质中氧的质量分数，%；

$\quad\quad w_S$——可燃物质中硫的质量分数，%；

$\quad\quad w_{H_2O}$——可燃物质中水分的质量分数，%。

[例1-3]　试求5kg木材的低热值。木材的成分：w_C 为 43%，w_{H_2} 为 7%，w_{O_2} 为 41%，w_S 为 2%，w_{H_2O} 为 7%。

[解]　将已知物质的质量分数代入式（1-4），得：

$$Q = [81 \times 43 + 300 \times 7 - 26(41 - 2) - 6(9 \times 7 + 7)] \times 4.184 \times 10^3$$
$$= 1.74 \times 10^7 \text{J/kg}$$

则5kg木材的低热值为 $5 \times 1.74 \times 10^7 = 8.68 \times 10^7$ J

答：5kg木材的低热值为 8.68×10^7 J。

1.3.2　燃烧温度

可燃物质燃烧时所放出的热量，一部分被火焰辐射散失，大部分消耗在加热燃烧产物上。由于可燃物质燃烧产生的热量是在火焰燃烧区域内分析的，因而火焰温度也就是燃烧温度。某些可燃物质的燃烧温度见表1-12。

1.4　防火技术基本原理

1.4.1　燃烧的条件

1.4.1.1　燃烧的必要条件

燃烧是有条件的，它必须是可燃物质、氧化剂和火源这三个基本条件同时存在并且相互作用才能发生。也就是说，发生燃烧的条件必须是可燃物质和氧化剂共同存在，并构成一个燃烧系统；同时，要有导致着火的火源。

（1）可燃物质。物质被分成可燃物质、难燃物质和不可燃物质三类。可燃物质是指在火源作用下能被点燃，并且当火源移去后能继续燃烧，直到燃尽的物质，如汽油、木材、纸张等；难燃物质是在火源作用下能被点燃并引燃，当火源移去后不能继续燃烧的物质，如聚氯乙烯、酚醛塑料等；不可燃物质是在正常情况下不会被点燃的物质，如钢筋、水泥、砖、瓦、灰、砂、石等。可燃物质是防爆与防火的主要研究对象。

凡是能与空气、氧气和其他氧化剂发生剧烈氧化反应的物质，都称为可燃物质。可燃物质种类繁多，按其状态不同可分为气态、液态和固态三类，一般是气体较易燃烧，其次是液体，再次是固体；按其组成不同可分为无机可燃物质和有机可燃物质两类。可燃物较多为有机物，少数为无机物。

无机可燃物质主要包括某些金属单质，如生产中常见的铝、镁、钠、钾、钙以及某些非金属单质，如磷、硫、碳；此外，还有一氧化碳、氢气等。有机可燃物质种类繁多，大部分都含有碳、氢、氧元素，还有些含有少量的氮、硫、磷等。其中，碳是主要成分，其次是氢，它们在燃烧时放出大量的热量。硫和磷的燃烧产物会污染环境，对人体有害。

（2）氧化剂。凡有较强的氧化性能，能与可燃物发生氧化反应的物质称为氧化剂。

氧气是最常见的一种氧化剂，由于空气中含有21%的氧气，因此人们的生产生活空间普遍被这种氧化剂包围。多数可燃物能在空气中燃烧，也就是说，燃烧的氧化剂这个条件广泛存在着，而且采取防火措施时，在人们工作和生活的场所，它不便被消除。此外，生产中的许多元素和物质，如氯、氟、溴、碘，以及硝酸盐、氯酸盐、高锰酸盐、过氧化氢等，都是氧化剂。

（3）着火源。具有一定温度和热量的能源，或者说能引起可燃物质着火的能源称为着火源。

生产和生活中常用的多种能源都有可能转化为着火源。例如，化学能转化为化合热、分解热、聚合热、着火热、自燃热；电能转化为电阻热、电火花、电弧、感应发热、静电发热、雷击发热；机械能转化为摩擦热、压缩热、撞击热；光能转化为热能，以及核能转化为热能等。同时，这些能源的能量转化可能形成各种高温表面，如灯泡、汽车排气管、暖气管、烟囱等。还有自然界存在的地热、火山爆发等。几种着火源的温度见表1-13。

表 1-13　几种着火源的温度　　　　　　　　　　　　　　　（℃）

着火源名称	火源温度	着火源名称	火源温度
火柴焰	500~650	气体灯焰	1600~2100
烟头中心	700~800	酒精灯焰	1180
烟头表面	250	煤油灯焰	700~900
机械火星	1200	植物油灯焰	500~700
煤炉火焰	1000	蜡烛焰	640~940
烟囱飞火	600	焊割火星	2000~3000
生石灰与水反应	600~700	汽车排气管火星	600~800

1.4.1.2　燃烧的充分条件

在研究燃烧的充分条件时还应该注意到，上述燃烧三个基本条件在数量上的变化，也会直接影响燃烧能否发生和持续进行。例如，氧气在空气中的浓度降低到 16%~14% 时，木材的燃烧会停止；又如，着火源如果不具备一定的温度和足够的热量，燃烧也不会发生；再如，锻件加热炉燃煤碳时飞溅出的火星可以点燃油棉丝或刨花，但如果溅落在大块木材上，就会发现它很快就熄灭了，不能引起木材的燃烧，这是因为溅落在大块木材上的火星，虽然有超过木材着火的温度，但缺乏足够的热量。实际上，燃烧反应在可燃物、氧化剂和着火源等方面都存在着极限值。因此，燃烧的充分条件有以下几个方面。

（1）一定的可燃物浓度。可燃气体或蒸气只有达到一定的浓度时才会发生燃烧。例如，氢气的浓度低于 4% 时便不能点燃；煤油在 20℃ 时接触明火也不会燃烧。这是因为在此温度下，煤油蒸气的数量还没有达到燃烧所需浓度。

（2）一定的含氧量。几种可燃物质燃烧所需要的最低含氧量见表 1-14。

（3）一定的着火源能量。即能引起可燃物质燃烧的最小着火能量。某些可燃物的最小着火能量见表 1-15。

表 1-14　几种可燃物质燃烧所需要的最低含氧量

可燃物名称	最低含氧量/%	可燃物名称	最低含氧量/%
汽油	14.4	乙炔	3.7
乙醇	15.0	氢气	5.9
煤油	15.0	大量棉花	8.0
丙酮	13.0	黄磷	10.0
乙醚	12.0	橡胶屑	12.0
二硫化碳	10.5	蜡烛	16.0

表 1-15 某些可燃物的最小着火能量

物质名称	最小着火能量/mJ	物质名称	最小着火能量/mJ	
			粉尘云	粉尘
汽油	0.2	铝粉	10	1.6
氢（28%～30%）	0.019	合成醇酸树脂	20	80
乙炔	0.019	硼	60	—
甲烷（8.5%）	0.28	苯酚树脂	10	40
丙烷（5%～5.5%）	0.26	沥青	20	6
乙醚（5.1%）	0.19	聚乙烯	30	
甲醇（2.24%）	0.215	聚苯乙烯	15	
呋喃（4.4%）	0.23	砂糖	30	—
苯（2.7%）	0.55	硫黄	15	1.6
丙酮（5.0%）	1.2	钠	45	0.004
甲苯（2.3%）	2.5	肥皂	60	3.84
醋酸乙烯（4.5%）	0.7			

（4）相互作用。燃烧的三个基本条件必须相互作用，燃烧才能发生和持续进行。

1.4.2 火灾及其分类

1.4.2.1 火灾的概念

广义地说，凡是超出有效范围的燃烧称为火灾。火灾是灾害事故类别中的一类事故。在消防工作中有火灾和火警之分，两者都是超出有效范围的燃烧，当人员和财产损失较小时为火警。GB/T 5907.1—2014《消防词汇》（第一部分）对火灾的定义是，火是"以释放能量并伴有烟或火焰或两者兼有为特征的燃烧现象"，火灾就是"在时间或空间上失去控制的燃烧所造成的灾害"；由公安部、劳动和社会保障部、国家统计局制定颁布的《火灾统计管理规定》（1997 年 1 月起施行）中，火灾的定义是"凡是失去控制并对财产和人身造成损害的燃烧现象称为火灾"。火灾是指在时间和空间上失去控制并造成一定危害的燃烧现象。燃烧是指可燃物与氧化剂发生的一种氧化放热反应，通常伴有光、烟或火焰。

以下情况也列入火灾的统计范围：

（1）民用爆炸物品爆炸引起的火灾；

（2）易燃或可燃液体、可燃气体、蒸气、粉尘以及其他化学易燃易爆物品爆炸引起的火灾（其中地下矿井部分发生爆炸，不列入火灾统计范围）；

（3）破坏性试验中引起非实验体燃烧的事故；

（4）机电设备因内部故障导致外部明火燃烧需要组织扑灭的事故，或者引起其他物件燃烧的事故；

（5）车辆、船舶、飞机以及其他交通工具发生的燃烧事故，或者由此引发的其他物件燃烧的事故（飞机因飞行事故而导致本身燃烧的除外）。

1.4.2.2　火灾的分类

（1）根据 GB/T 4968—2008《火灾分类》，按照物质燃烧的特征，可把火灾分为六类。

A 类火灾。指固体物质火灾。这种物质往往具有有机物的性质，一般在燃烧时能产生灼热的余烬，如木材、棉、毛、麻、纸张火灾等。

B 类火灾。指液体火灾和可熔化的固体物质火灾。如汽油、煤油、柴油、原油、甲醇、乙醇、沥青、石蜡火灾等。

C 类火灾。指气体火灾，如煤气、天然气、甲烷、乙烷、丙烷、氢气火灾等。

D 类火灾。指金属火灾，如钾、钠、镁、钛、锆、锂、铝镁合金火灾等。

E 类火灾。带电火灾。

F 类火灾。油脂火灾。

上述分类方法对防火和灭火，特别是对选用灭火剂有指导意义。

（2）按照一次火灾事故造成的死亡人数、重伤人数和直接财产损失，火灾划分为四类，见表 1-16。

表 1-16　火灾类型

火灾分类	死亡人数	重伤人数	直接财产损失
一般火灾	3 人以下	10 人以下	1000 万元以下
较大火灾	3~10 人	10~50 人	1000 万~5000 万元
重大火灾	10~30 人	50~100 人	5000 万~1 亿元
特别重大火灾	30 人以上	100 人以上	1 亿元以上

1.4.2.3　火灾原因分类

（1）放火。有敌对分子放火、刑事放火、精神病和呆傻人放火、自焚等。

（2）违反电气安装安全规定。导线选用、安装不当，变电设备安装不符合规定，用电设备安装不符合规定，滥用不合格的熔断器，未安装避雷设备或安装不当，未安装排除静电设备或安装不当。

（3）违反电气使用安全规定。有短路（如导线绝缘老化、导线裸露相碰，导致与导电体搭接，导线受潮或被雨水浸湿，对地短路、电气设备绝缘击穿、插座短路等）、过负荷（如乱用熔断器，电气设备过负荷，熔丝熔断冒火等）、接触不良（如接连松动，导线连接处有杂质，铜铝接头触点处理不当等）及其他（如电热器接触可燃物，电路接通或短路时冒火，电气设备摩擦发热打火，灯泡破碎，静电放电，导线断裂，忘记切断电源等）。

（4）违反安全操作规程。有焊割（如焊割处有易燃物，焊割设备发生故障，焊割含有易燃物品的设备，违反动火规定等）、烘烤（如超温，烘烤可燃设备，烘烤设备不严密，烘烤物距火源近，无人看管等）、熬炼（如超温、沸溢熬炼物不合规定，投料有差错等）、化工生产（如原料差错，超温、超压爆燃，冷却中断，混入杂质反应激烈，受压容器缺乏防护设施，操作失误等）、储存运输（如易燃、易爆液体的挥发、外溢，运输、储存货物遇火，化学物品混存，摩擦撞击，车辆故障起火等）及其他（如设备缺乏维修保养，仪器仪表失灵，设备故障，违反用火规定，易燃物接触火源，混入杂质打火，车辆排气管喷出火星，烧荒等）。

（5）吸烟。如乱扔未熄灭的烟头、火柴杆、违章吸烟等。

（6）生活用火不慎。如炉具、炉灶设置使用不当，燃气护具设备故障及使用不当。火炕、烟道、烟筒过热、蹿火、死灰复燃，烘烤不慎，照明使用不当，扫墓烧香烧纸等。

（7）玩火。小孩玩火、燃放烟花爆竹等。

（8）自燃。物品受热自燃，植物垛受潮自燃，化学活性物质遇空气自燃及遇水自燃，植物油浸物品摩擦发热自燃，氧化性物质与还原性物质混合接触自燃。

（9）自然原因。如雷击、风灾、地震及其他原因。

（10）其他原因及原因不明。

1.4.3 防火技术基本理论和应用

1.4.3.1 防火技术基本理论

燃烧必须是可燃物、助燃物和火源这三个基本条件相互作用才能发生的，采取措施，防止燃烧三个基本条件的同时存在或者避免它们的相互作用，这是防火技术的基本理论。所有防火技术措施都是在这个基本理论的指导下采取的，或者可以这样说，全部防火技术措施的实质，即是防止燃烧基本条件的同时存在或避免它们的相互作用。例如，在汽油库里或操作乙炔发生器时，由于有空气和可燃物（汽油或乙炔）存在，所以规定必须严禁烟火，这就是防止燃烧条件之一——火源存在的一种措施。又如，安全规则规定气焊操作点（火焰）与乙炔发生器之间的距离必须在10m以上，乙炔发生器与氧气瓶之间的距离必须在5m以上，电石库距明火、散发火花的地点必须在 30m 以上等。采取这些防火技术措施是为了避免燃烧三个基本条件的相互作用。

1.4.3.2　防火条例分析

下面具体分析电石库防火条例中有关技术措施的规定。有关防火条例如下：

（1）禁止用地下室或半地下室作为电石仓库。

（2）存放电石桶的库房必须设置在不受潮、不漏雨、不易浸水的地方。

（3）电石库应距离锻工、铸工和热处理等散发火花的车间和其他明火 30m 以上，与架空电力线的间距应不小于电杆高度的 1.5 倍。

（4）库房应有良好的自然通风系统。

（5）电石库可与可燃易爆物品仓库、氧气瓶库设置在同一座建筑物内，但应以无门、窗、洞的防火墙隔开。

（6）仓库的电器设备应采用密闭式和防爆式；照明灯具和开关应采取防爆型，否则应将灯具和开关装设在室外，再利用玻璃将光线射入室内。

（7）严禁将热水、自来水和取暖的管道通过库房，应保持库房内干燥。

（8）库房内积存的电石粉末要随时清扫处理，分批倒入电石渣坑里，并加以处理。

（9）电石桶进库前应先检查包装有无破损或受潮等，如果发现有鼓包等可疑现象，应立即在室外打开桶盖，将乙炔气放掉，修理后才能入库，禁止在雨天搬运电石桶。

（10）库内应设木架，将电石桶放置在木架上，不得随便放在地面上。

（11）开启电石桶时不能用火焰和可能引起火星的工具，最好用铍铜合金或铜制工具（其含铜量要低于 70%）。

（12）电石库禁止明火取暖，库内严禁吸烟。

从以上电石库的防火条例中可以看出，其中第（1）、（2）、（4）、（7）、（8）、（9）、（10）条都说的是防止燃烧条件之一——可燃物乙炔气的存在，第（6）、（11）、（12）条是防止燃烧的另一条件——火源的存在。由于人们要在库内工作，燃烧的条件之一——助燃物空气是不可防止和避免的，防火条例第（3）、（5）条则是为了避免燃烧条件的相互作用。

1.5　防火技术措施

1.5.1　火灾发展过程与预防基本原则

1.5.1.1　火灾发展过程的特点

当燃烧失去控制而发生火灾时，将经历下列发展阶段：

（1）酝酿期。可燃物在热的作用下蒸发析出气体、冒烟和阴燃。

（2）发展期。火苗蹿起，火势迅速扩大。

（3）全盛期。火焰包围整个可燃物体，可燃物全面着火，燃烧面积达到最大限度，燃烧速度最快，放出强大辐射热，温度高，气体对流加剧。

（4）衰灭期。可燃物质减少，火势逐渐衰弱，终至熄灭。

1.5.1.2　影响火灾变化的因素

（1）可燃物的数量。通常可燃物数量越多，火灾载荷密度越高，则火势发展越猛烈；可燃物较少，则火势发展较弱；如果可燃物之间不相互连接，则一处可燃物燃尽后，火灾会趋向熄灭。

（2）空气流量。室内火灾初起阶段，燃烧所需的空气量足够时，只要可燃物的量多，燃烧就会不断发展。但是，随着火势的逐步扩大，室内空气量逐渐减少，这时只有不断从室外补充新鲜空气，即增大空气的流量，燃烧才能维续，并不断扩大。如果空气供应量不足，火势会趋向减弱阶段。

（3）蒸发潜热。可燃液体和固体在受热后表面会生出气体。液体和固体需要吸收一定的热量才能蒸发，这种热量称蒸发潜热。

一般是固体的蒸发潜热大于液体，液体大于液化气体。蒸发潜热越大的物质越需要较多的热量才能蒸发，火灾发展速度亦越慢；反之，蒸发潜热较小的物质，容易蒸发，火灾发展较快。因此，可燃液体或固体单位时间内蒸发产生的可燃气体与外界供给的热量成正比，与它们的蒸发潜热成反比。

1.5.1.3　预防火灾的基本原则

防火的要点是根据火灾发展过程的特点采取以下针对措施：

（1）严格控制火源。

（2）采用耐火材料。

（3）监视酝酿期特征。

（4）阻止火焰蔓延。

（5）限制火灾发展规模。

（6）组织训练消防队伍。

（7）配备消防器材。

1.5.2　消除着火源

工业生产过程中，存在着多种引起火灾和爆炸的着火源，例如化工企业中常见的着火源有明火、化学反应热、化工原料的分解自燃、热辐射、高温表面、摩擦和撞击、绝热压缩、电气设备及线路的过热和火花、静电放电、雷击和日光照射等。消除着火源是防火与防爆的最基本措施，控制着火源对防止火灾和爆炸事故的发生具有极其重要的意义。下面着重讨论一般工业生产中常见着火源的防范措施。

1.5.2.1　明火

明火指敞开的火焰、火星和火花等。敞开的火焰具有很高的温度和很大的热量，是引起火灾的主要着火源。

工厂中熬炼油类、固体沥青、蜡等各种可燃物质是最容易发生事故的明火作业。熬炼过程中由于物料含有水分、杂质，或由于加料过满而在沸腾时溢出锅外，或是由于烟道裂缝蹿火及锅底破漏，或是加热时间长、温度过高等，都有可能导致着火事故。因此，在工艺操作过程中，加热易燃液体时应当采用热、水蒸气或密闭的电器以及其他安全的加热设备。如果必须采用明火，设备应该密闭，炉灶应用封闭的砖墙隔绝在单独的房间内，周围及附近地区不得存放可燃易爆物质。点火前炉膛应用惰性气体吹扫，排除其中的可燃气体或蒸气与空气的爆炸性混合气体，而且对熬炼设备应经常进行检查，防止烟道蹿火和熬锅破漏。为防止易燃物质漏入燃烧室，设备应定期作水压试验和气压试验。熬炼物料时不能装盛过满，应留出一定的空间；为防止沸腾时物料溢出锅外，可在锅沿外围设置金属防溢槽，使溢出锅外的物料不致与灶火接触。还可以采用"死锅活灶"的方法，以便能随时撤出灶火。此外，应随时清除锅沿上的可燃物料积垢。为避免锅内物料温度过高，操作者一定要坚守岗位，监视温升情况，有条件的可采用自动控温仪表。

喷灯是常用的加热器具，尤其是在维修作业中，多用于局部加热、解冻、烤模和除漆等。喷灯的火焰温度可高达1000℃以上，这种高温明火的加热器具如果使用不当，就有造成火灾或爆炸的危险。使用喷灯解冻时，应将设备和管道内的可燃性保温材料清除掉，加热作业点周围的可燃易爆物质也应彻底清除。在防爆车间和仓库使用喷灯，必须严格遵守厂矿企业的用火证制度；工作结束时，应仔细清查作业现场是否留下火种，应注意防止被加热物件和管道由于热传导面引起火灾，使用过的喷灯应及时用水冷却，放掉余气并妥善保管。

存在火灾和爆炸危险的场地，如厂房、仓库、油库等地，不得使用蜡烛、火柴或普通灯具照明，汽车、拖拉机一般不允许进入。如确需进入，其排气阀上应安装火花熄灭器。在有爆炸危险的车间和仓库内，禁止吸烟和携带火柴、打火机等，为此，应在醒目的地方张贴警示标志以引起注意。如果绝对禁止吸烟很难做到，而又有一定的条件，可在附近划出安全的地方，作为吸烟室，只准许在其室内点火吸烟。

明火与有火灾及爆炸危险的厂房和仓库等相邻时，应保证具有足够的安全间距，例如化工厂内的火炬与甲、乙、丙生产装置，油罐和隔油池，应保持100m的防火间距。

1.5.2.2　摩擦和撞击

摩擦和撞击往往是可燃气体、蒸气和粉尘、爆炸物品等着火爆炸的根源之一。例如机器轴承的摩擦发热、铁器和机件的撞击、钢铁工具的相互撞击、砂轮的摩擦等都能引起火灾；甚至铁桶容器裂开时，亦能产生火花，引起逸出的可燃气体或蒸气着火。

在有爆炸危险的生产中，机件的运转部分应该用两种材料制作，其中之一是不发生火花的有色金属材料（如铜、铝）。机器的轴承等转动部分，应该有良好的润滑，并经常清除附着的可燃物污垢。敲打工具应用铍铜合金或包铜的钢制作。地面应铺沥青、菱苦土等较软的材料。输送可燃气体或易燃液体的管道应做耐压试验和气密性检查，以防止管道破裂、接口松脱而跑漏物料，引起着火。搬运储存可燃物体和易燃液体的金属容器时，应当用专门的运输工具，禁止在地面上滚动、拖拉或抛掷，并防止容器相互撞击，以免产生火花，引起燃烧或容器爆裂造成事故。吊装可燃易爆物料用的起重设备和工具，应经常检查，防止吊绳等断裂下坠发生危险。如果机器设备不能用不发生火花的各种金属制造，应当使其在真空中或惰性气体中操作。

1.5.2.3 电气设备

电气设备或线路出现危险温度、电火花和电弧时，就成为引起可燃气体、蒸气和粉尘着火、爆炸的一个主要着火源。电气设备出现危险温度，是由于在运行过程中设备和线路的短路、接触电阻过大、超负荷或通风散热不良等造成的。发生上述情况时，设备的发热量增加，温度急剧上升，出现大大超过允许温度范围（如塑料绝缘线的最高温度不得超过 $70℃$，橡皮绝缘线不得超过 $60℃$ 等）的危险温度，不仅能使绝缘材料、可燃物质和积落的可燃灰尘燃烧，而且能使金属熔化，酿成电气火灾。

电火花可分为工作火花和事故火花两类，前者是电气设备（如直流电焊机）正常工作时产生的火花，后者是电气设备和线路发生故障或错误作业出现的火花。

电火花一般具有较高的温度，特别是电弧的温度可达 $5000\sim6000K$，不仅能引起可燃物质燃烧，还能使金属熔化飞溅，构成危险的火源。在有着火爆炸危险的场所，或在高空作业的地面上存放可燃易爆物品，是引起电气火灾和爆炸事故的原因之一。

保护电气设备的正常运行，防止出现事故火花和危险温度，对防火防爆有着重要意义。要保证电气设备的正常运行，则需保持电气设备的电压、电流、温升等参数不超过允许值，保持电气设备和线路绝缘能力以及良好的连接等。

电气设备和电线的绝缘不得受到生产过程中产生的蒸气及气体的腐蚀，因此电线应采用铁管线套装，电线的绝缘材料要具有防腐蚀性能。

在运行中，应保持设备及线路各导电部分连接可靠，活动触头的表面要光滑，并要保证足够的触头压力，以保持接触良好。固定接头时，特别是铜、铝接头要接触紧密，保持良好的导电性能。在具有爆炸危险的场所，可拆卸的连接应有防松措施。铝导线间的连接应采用压接、熔焊或钎焊，不得简单地采用缠绕接线。电气设备应保持清洁，因为灰尘堆积和其他脏污既降低电气设备的绝缘，又妨碍通风和冷却，还可能由此引起着火。应定期清扫电气设备，以保持清洁。

　　具有爆炸危险的厂房内，应根据危险程度的不同采用防爆型电气设备。按照助爆结构和防爆性能的不同特点，防爆电气设备可分为增安型、隔爆型、充油型、充砂型、通风充气型、本质安全型、无火花型、特殊型等。各类防爆电气设备的标志见表1-17。

表 1-17　防爆电气设备类型和标志

类　　　型		标　　　志		
		工厂用		煤矿用
旧	新	旧	新	
防爆安全型	增安型	A	e	KA
隔爆型	隔爆型	B	d	KB
防爆充油型	充油型	C	o	KC
—	充砂型		s	
防爆通风充气型	通风充气型	F	p	KF
安全火花型	本质安全型	H	i	KH
—	无火花型	—	n	
防爆特殊型	特殊型	T	s	KT

　　增安型（原称防爆安全型）是指在正常运行时不产生电火花、电弧和危险温度的电气设备，如防爆安全型高压水银荧光灯。

　　隔爆型是指在电气设备发生爆炸时，其外壳能承受爆炸性混合物在壳内爆炸时产生的压力，并能阻止爆炸火焰传播到外壳周围，不致引起外部爆炸性混合物爆炸的电气设备，如隔爆型电动机。

　　充油型（原称防爆充油型）是指将可能产生火花的电气设备、电弧或危险温度的带电部分浸在绝缘油里，从而不会引起油面上爆炸性混合物爆炸的电气设备。

　　通风充气型（原称防爆通风充气型或压型）是指向设备内通入新鲜空气或惰性气体，并使其保持正压强，能阻止外部爆炸性混合物进入内部引起爆炸的电气设备。

　　本质安全型（原称安全火花型）是指在正常或故障情况下产生的电火花，

其电流值均小于所在场所爆炸性混合物的最小引爆电流，而不会引起爆炸的电气设备。

特殊型（原称防爆特殊型）是指结构上不属于上述各种类型的防爆电气设备，如浇注环氧树脂及填充石英砂的防爆电气设备。

电气设备按爆炸危险场所等级的选型见表1-18。从表中可以看出，隔爆型的防爆性能比较好，一级爆炸危险场所应优先应用。防爆安全型的防爆性能比较差，宜用于危险程度较低的场所。根据使用条件的不同设备，设备可分固定安装、移动式、携带式等几种情况。防爆充油型不能用移动式或携带式，因为经常移动容易造成设备油面的波动或油的渗漏，使能产生火花或高温的部件露出油面，从而失去防爆性能。

表 1-18 爆炸危险场所电气设备选型

场所等级		Q-1	Q-2	Q-3	G-1	G-2
电机		隔爆型、防爆通风充气型	任意防爆类型	H43 型①	任意一级隔爆型、防爆通风充气型	H44②
电器和仪表	固定安装	防爆型、防爆充油型、防爆通风充气型、安全火花型	H45 型③	H45 型④	任意一级隔爆型、防爆通风充气型、防爆充油型	H45 型
	移动式	隔爆型、防爆充气型、安全火花型	隔爆型、防爆充气型、安全火花型	除防爆充油型外任意一种防爆类型乃至 H57 型	任意一级隔爆型、防爆充气型	
	携带式	防爆型、安全火花型	防爆型、安全火花型	隔爆型、防爆安全型、H57 型	任意一级隔爆型	
照明灯具	固定及移动	防爆型、防爆充气型	防爆安全型	H45 型	任意一级隔爆型	H45 型
	携带式⑤	隔爆型	隔爆型	隔爆型、防爆安全型乃至 H57 型	任意一级隔爆型	任意一级隔爆型

续表 1-18

场所等级	Q-1	Q-2	Q-3	G-1	G-2
变压器	隔爆型、防爆通风型	防爆安全型、防爆充油型	H45 型[6]	任意一级隔爆型、防爆充油型、防爆通风充气型	H45 型
通信电器	防爆型、防爆充油型、防爆通风充气型、安全火花型	防爆安全型	H57 型	任意一级隔爆型、防爆充油型、防爆通风充气型	H45 型
配电装置	防爆型、防爆通风充气型	任意一种防爆类型	H57 型	任意一级隔爆型、防爆通风充气型	H45 型

①电动机正常发生火花的部件（如滑环）应在 H4 型的罩子内，事故排风机用电动机应选用任意一种防爆类型。

②电动机正常发生火花的部件（如滑环）应在下列类型之一的罩子内：任意一级隔爆型、防爆通风充气型乃至 H57 型；具有正常发生火花的部件或按工作条件发热超过 80℃ 的电器和仪表，应选用任意一级隔爆型、防爆通风充气型乃至 H57 型。

③具有正常发生火花的部件或按工作条件发热超过 80℃ 的电器和仪表，应选用任意一级防爆类型。

④事故排风机用电动机的控制设备（如按钮）应选用任意一种防爆类型。

⑤应有金属网保护。

⑥指干式或充以非燃性液体的变压器。

　　在爆炸危险场所内选用电气设备时，不但要按爆炸危险场所的危险程度选型，而且所选用的防爆电气设备的防爆性能还要与爆炸性混合物的分级分组情况相适应。爆炸性混合物按传爆间隙大小的危险程度不同分为 4 级，并据此制造适用于各种爆炸性混合物的隔爆型电气设备。各种爆炸性混合物按自燃点的高低分为 a、b、c、d、e 五组，并据此制造适用于不同自燃点的各种类型的防爆电气设备。爆炸性混合物按传爆间隙大小分级和自燃点高低分组及举例见表 1-19。

　　有可燃气体或蒸气爆炸危险的场所，防爆电气设备外壳的表面最高温度（极限温度和极限温升）不得超过表 1-20 的规定。在有粉尘或纤维爆炸性混合物的场所内，电气设备外壳的表面温度不应超过 125℃。如必须采用超过该温度的电气设备时，则其温度必须比粉尘或纤维混合物的自燃点低 75℃ 或低于自燃点的 2/3，所用防爆型设备外壳的表面温度不得超过 200℃。工厂用防爆电气设备的环境温度为 40℃，煤矿用的为 35℃。

表 1-19　爆炸性混合物按传爆间隙和自燃温度分级分组及举例

按传爆间隙 δ（mm）① 分级的级别	按自燃温度 t（℃）分组的组别				
	a（t>450）	b（300<t≤450）	c（200<t≤300）	d（135<t≤200）	e（100<t≤135）
1（δ>1.0）	甲烷、氨	丁醇、醋酸	环己烷	—	—
2（0.6<δ≤1.0）	乙烷、丙烷、丙酮、苯、苯乙烯、氯苯、氯乙烯、甲醇、甲苯、一氧化碳、醋酸乙酯	丁烷、乙醇、丙烯、醋酸丁酯、醋酸戊酯	戊烷、己烷、庚烷、辛烷、癸烷、硫化氢、汽油	乙醛、乙醚	—
3（0.4<δ≤0.6）	城市煤气	环氧乙烷、环氧丙烷、丁二烯	异戊二烯	—	—
4（δ≤0.4）	水煤气、氢	乙炔	—	—	二硫化碳

①该间隙按长度为 25mm 时的最大不传爆宽度（mm）表示。

表 1-20　爆炸危险场所电气设备的极限温度和极限温升　　　（℃）

爆炸性混合物的组别	防爆电气设备的外壳表面及可能与爆炸性混合物直接接触的零部件		充油型的油面	
	极限温度	极限温升	极限温度	极限温升
a	360	320	100	60
b	240	200	100	60
c	160	120	100	60
d	110	70	100	60
e	80	40	80	40

注：极限温度指环境温度为 40℃时的允许温升。

爆炸性混合物按最小引爆电流分为三级，见表 1-21。

表 1-21　爆炸性混合物按最小引爆电流分级及举例

最小引爆电流 i（mA）级别	防爆性能指标	爆炸性混合物举例
I （i>120）	H I （KH）	甲烷、乙烷、丙烷、汽油、环己烷、异己烷、甲醇、乙醇、乙醛、丙酮、醋酸、醋酸甲酯、丙烯酸甲酯、苯、一氧化碳、氨

续表 1-21

最小引爆电流 i（mA）级别	防爆性能指标	爆炸性混合物举例
I （70<i≤120）	HⅡ	乙烯、丁二烯、丙烯、二甲醚、乙醚、二丁基醚、环丙烷
I （i≤70）	HⅢ	氢、乙炔、二硫化碳、城市煤气、水煤气、焦炉煤气、氧化乙烯

注：1. 最小引爆电流是按直流电压 24V、电感 100mH 的感性回路上的试验值。

　　2. KH 表示矿用防爆安全火花型电气设备。

爆炸危险场所所使用的电气线路（包括电缆和导线），应根据危险等级选用相应类型的电缆或导线，见表 1-22。

表 1-22　爆炸危险场所导线或电缆的选型

线路用途		场所等级				
		Q-1	Q-2	Q-3	G-1	G-2
		导线类型				
照明	固定	铜芯绝缘导线或铠装电缆	铜、铝芯绝缘导线或非铠装电缆	铜、铝芯绝缘导线或非铠装电缆	铜芯绝缘导线或铠装电缆	铜、铝芯绝缘导线或非铠装电缆
	移动	中型橡套电缆	非铠装电缆	非铠装电缆	中型橡套电缆	非铠装电缆
动力	固定	铜芯绝缘导线或铠装电缆	铜芯、多股铝芯绝缘导线或非铠装电缆	铜、铝芯绝缘导线或非铠装电缆	铜芯绝缘导线或铠装电缆	铜、铝芯绝缘导线或非铠装电缆
	移动	重型橡套电缆	中型橡套电缆	重型橡套电缆	重型橡套电缆	中型橡套电缆
仪器、仪表		铜芯绝缘导线	铜芯绝缘导线	铜芯绝缘导线	铜芯绝缘导线	铜芯绝缘导线

在 G-1、Q-1 级场所内如果有剧烈震动，用电设备的线路均应采用铜芯绝缘导线或电缆。电气线路的额定电压不得低于 500V。电压为 1000V 以下者，线路

的长期允许载流量不应小于电动机额定电流的 125%；1000V 以上者须按短路电流校验。爆炸危险场所导线（除安全火花型电路外）的最小截面积应符合表 1-23 的要求。

表 1-23　爆炸危险场所导线最小截面积

场所级别	线芯最小截面/mm²					
	铜			铝		
	电力	控制	照明	电力	控制	照明
Q-1	2.5	2.5	2.5	—	—	—
Q-2	1.5	1.5	1.5	4	—	2.5
Q-3	1.5	1.5	1.5	2.5	—	2.5
G-1	2.5	2.5	2.5	—	—	—
G-2	1.5	1.5	1.5	2.5	—	2.5

铝芯绝缘导线或电缆的连接与封端应采用压接、熔接或钎焊，引入电机或其他电气设备的电源线接头应采取防松措施，动力电缆、绝缘导线中间不得有接头。

如果因条件限制，确需在爆炸危险场所采用非防爆型电气设备，可以将它安装在没有爆炸危险的房间，但传动轴穿墙处必须用填料严加密封。非防爆型照明灯具和开关可设置在屋外，再通过玻璃把光线射入屋内。对于 1 级危险场所应用两层玻璃密封，采用机械传动或气压控制操纵安装在屋外的非防爆开关。防雨瓷拉线开关可放入塑料容器内，注入变压器油，使油面具有足够的高度，防止尘土落入，并及时换油。

在火灾危险场所的电气设备，应根据场所等级的不同按表 1-24 所列的类型选用。

表 1-24　火灾危险场所电气设备选型

电气设备及其使用条件		场所等级		
		H-1 级	H-2 级	H-3 级
电机	固定安装	防溅式①	封闭式	防滴式②
	移动式和携带式	封闭式	封闭式	封闭式
电器和仪表	固定安装	防水型、防尘型、充油型、保护型③	防尘型	开启型
	移动式和携带式	防水型、防尘型	防尘型	保护型

电气设备及其使用条件		场所等级		
		H-1 级	H-2 级	H-3 级
照明灯具	固定安装	保护型	防尘型⑤	开启型
	移动式和携带式④	防尘型	防尘型	保护型
配电装置		防尘型	防尘型	保护型
接线盒		防尘型	防尘型	保护型

①电机正常运行时有火花的部件（如滑环）应装在全封闭的罩子内。

②正常运行时有火花的部件（如滑环）的电机最低应选用防溅式。

③正常运行时有火花的设备，不宜采用保护型。

④照明灯具的玻璃罩应用金属网保护。

⑤可燃纤维火灾危险场所，固定安装时允许采用普通荧光灯。

正常运转时产生火花和外壳温度较高的电气设备，在火灾危险场所使用时应远离可燃物质，并加以保护。应采用额定电压 500V 以上的电缆或绝缘线，铝线截面不得小于 2.5mm^2，架空线路严禁跨越火灾危险场所，其间水平距离不应低于杆塔高度的 1.5 倍。在火灾危险场所的电气线路，一般可采用非铠装电缆、薄壁钢管配线明敷。

1.5.2.4　静电放电

生产和生活中的静电现象是种常见的带电现象，静电防护的研究得到了普遍的重视，它的危害性已逐步为人们所认识。据有关统计资料表明，由于静电引起火灾和爆炸事故的工艺过程以输送、研磨、搅拌、喷射、卷缠和涂层等居多；就行业来说，以炼油、化工、橡胶、造纸、印刷和粉末加工等居多。这是因为在这些生产工艺过程中，由于气体、高电阻液体和粉尘在管道中的高速流动，或者从高压容器与系统的管口喷出时，以及固体物质的大面积摩擦、粉碎、研磨、搅拌等都比较容易产生静电。尤其在天气或环境干燥的情况下，更容易产生静电。生产过程中产生的静电可以由几伏到几万伏，对多数可燃气体（蒸气）与空气的爆炸性混合物来说，它们的点火能量在 0.3mJ（毫焦）以下，当静电压在 3000V 以上时，就能点燃。某些易燃液体，如汽油、乙醚等的蒸气与空气混合物，甚至在 300V 时就能引起燃烧或爆炸。此外，静电还可能造成电击。在某些部门，如纺织、印刷、粉体加工等，还会妨碍生产和影响产品的质量。

静电防护主要是设法消除或控制静电的产生和积累的条件，主要有工艺控制法、泄漏法和中和法等。工艺控制法就是采取合理选用材料、改进设备和系统的结构、限制流体的速度以及净化输送物料、防止混入杂质等措施，控制静电产生和积累的条件，使其不会达到危险程度；泄漏法就是采取增湿、导体接地、采用抗静电添加剂和导电性地面等措施，促使静电电荷从绝缘体上自行消散；中和法是在静电电荷密集的地方设法产生带电离子，使该处静电荷被中和，从而消除绝缘体上的静电。

为防止静电放电火花引起的燃烧爆炸，可根据生产过程中的具体情况采取相应的防静电措施。例如将容易积聚电荷的金属设备、管道或容器等安装可靠的接地装置，导除静电，这是防止静电危害的基本措施之一。下列生产设备应有可靠的接地：输送可燃气体和易燃液体的管道以及各种闸门、灌油设备和油槽车（包括灌油桥台、铁轨、油桶、加油用鹤管和漏斗等）；通风管道上的金属网过滤器，生产或加工易燃液体和可燃气体的设备储罐；输送可燃粉尘的管道和生产粉尘的设备以及其他能够产生静电的生产设备。防静电接地的每处接地电阻不宜超过 300Ω。

为消除各部件的电位差，可采用等电位措施。例如在管道法兰之间加装跨接导线，既可以消除两者之间的电位差，又可以造成良好的电气通路，以防止静电放电火花。

流体在管道中的流速必须加以控制，例如易燃液体在管道中的流速不宜超过 $4\sim5m/s$，可燃气体在管道中的流速不宜超 $6\sim8m/s$。灌注液体时，应防止产生液体飞溅和剧烈搅拌现象。向储罐输送液体的导管，应放在液面之下或将液体沿容器的内壁缓慢流下，以免产生静电。易燃液体灌装结束时，不能立即进行取样等操作，因为在液面上积聚的静电荷不会很快消失，易燃液体蒸气也比较多，因此应经过一段时间，待静电荷减少后再进行操作，以防止静电放电火花引起着火爆炸。

在具有爆炸危险的厂房内一般不允许采用平皮带传动，采用三角皮带比较安全。但最好的方法是安设单独的防爆式电动机，即电动机和设备之间用轴直接传动或经过减速器传动。采用皮带传动时，为防止传动皮带在运转中产生静电发生危险，可每隔 $3\sim5$ 天在皮带上涂抹一次防静电的涂料。此外，还应防止皮带下垂，皮带与金属接地物的距离不得小于 $20\sim30cm$，以减小对接地金属物放电的可能性。

增高厂房或设备内空气的湿度，也是防止静电的基本措施之一。当相对湿度在 $55\%\sim70\%$ 以上时能防止静电的积聚。对于不受空气湿度影响产品质量的生产，可用喷水或喷水蒸气的方法增加空气湿度。

生产和工作人员应尽量避免穿尼龙或的确良等易产生静电的工作服，而且为了除去人身上积聚的静电，最好穿布底鞋或导电橡胶底胶鞋。工作地点宜采用水泥地面。

1.5.3　控制可燃物

做好防止燃烧三个基本条件中的任何一条，都可防止火灾的发生。如果采取消除燃烧条件中的两条，就更具安全可靠性。例如，在电石库防火条件中，通常采取防止火源和防止产生可燃物乙炔的各种有关措施。

控制可燃物的措施主要有：在生活和生产中，以难燃和不燃材料代替可燃材料，如用水泥代替木材建筑房屋；降低可燃物质（可燃气体、蒸气和粉尘）在空气中的浓度，如在车间或库房采取全面通风或局部排风，使可燃物不易积聚，从而不会超过最高允许浓度，防止可燃物质的跑、冒、滴、漏；对于那些相互作用能产生可燃气体或蒸气的物品应加以隔离，分开存放。例如，电石与水接触会相互作用产生乙炔气，所以必须采取防潮措施，禁止自来水管道、热水管道通过电石库等。

1.5.4　隔绝空气

在必要时可以使生产在真空条件下进行，在设备容器中充装惰性介质保护。例如，水入电石式乙炔发生器在加料后应采取惰性介质氮气吹扫；燃料容器在检修焊补（动火）前用惰性介质置换等；也可将可燃物隔绝空气储存，如钠存于煤油中、磷存于水中、二硫化碳用水封存等。

1.5.5　防止形成新的燃烧条件，阻止火灾范围扩大

设置阻火装置，如在乙炔发生器上设置水封回火防止器，或水下气割时在割炬与胶管之间设置阻火器，一旦发生回火，可阻止火焰进入乙炔罐内，或阻止火焰在管道里蔓延；在车间或仓库里筑防火墙，或在建筑物之间留防火间距，一旦发生火灾，使之不能形成新的燃烧条件，从而防止扩大火灾范围。

1.5.6　火灾报警

火灾监测仪表是探测发现火灾的设备。在火灾酝酿期和发展期陆续出现的火灾信息有热流、辐射热、烟、火光、臭气等，这些都是监测仪表的探测对象。

1.5.6.1　感温报警器

感温报警器可分为定温式和差动式两种。定温式感温报警器是在安装检测器的场所温度上升至预定的温度时，在感温元件的作用下发出警报。自动报警的动作温度一般采用 65～100℃。图 1-7 所示为空气模盒式感温探头，它是利用气体的膨胀性使报警信号电触点接通。

定温式感温报警器有采用低熔点合金作为感温元件的，其作用原理是低熔点的金属在达到预定温度时，感温元件熔断。采用双金属片、双金属筒作为感温元

图 1-7　空气模盒式感温探头

件的报警器是在达到预定温度时，元件变形达到某一限度，完成断开或接通电气回路中的触点，从而断开或接通信号电气回路，发出警报。也可以采用热敏半导体作感温元件，此元件对温度的变化比较敏感，在检测地点的温度发生变化时，它的电阻值将发生较大的变化。或采用铂金属丝感温元件，遇温度变化时也会改变其电阻值，从而改变信号电气回路中的电流，当达到预定温度时，信号电气回路中的电流变化到一定值，即会报警。

　　由于火灾发生时检测地点的温度在较短时间内急骤升高，根据这个特点，差动式感温报警器采用双金属片等感温元件，使得在一定时间内的温升差超过某一限值时，例如在 1min 内温升超过 10℃，即发出警报。这就更接近于发生火灾的实际情况，严格限制在这样的条件下报警，可以减少误报。

　　为了提高自动报警器的准确性，有的感温报警器同时采用差动和定温两种感温元件，因而在检测点的温度变化时，既要达到差动式感温元件所预定时间内的温升差，又要同时达到定温式感湿元件所预定的温度，才发出警报，这样就可进一步减少误报。这种报警器称为定温差动式感温报警器。

　　感温报警器适用于那些经常存在大量烟雾、粉尘或水蒸气等场所。

1.5.6.2　感烟报警器

　　感烟报警器能在事故地点刚发生阴燃冒烟还没有出现火焰时，即发出警报，所以它具有报警早的优点。根据敏感元件的不同，下面介绍离子感烟报警器和光电感烟报警器。

　　（1）离子感烟报警器。如图 1-8 所示，它是由两片镅 241 放射源片与信号电气回路构成内电离室和外电离室。内电离室是密闭的，与安装场所内的空气不相通，场所内的空气可以在外电离室的放射源与电极间自由流通。当发生火警时，可燃物阴燃产生的烟雾进入报警器的外电离室，室内的部分离子被烟雾的微粒所吸附，可燃物阴燃产生的烟雾进入报警器的外电离室，室内的部分离子被烟雾的微粒所吸，使到达电极上的离子减少，即相当于外电离室的等效电阻值变大，而内电离室的等效电阻值不变，从而改变了内电离室和外电离室的电压分配。利用这种电信号将烟雾信号转换为直流电压信号，输入报警器而发出声、光警报。

图 1-8　离子感烟报警器原理

（2）光电感烟报警器，这种报警器设有一个光电暗室（暗盒），将光电敏感元件安装在暗盒内，如图 1-9 所示。没有烟尘进入暗室时，发光二极管放出的光因有光屏障阻隔而不能投射到光敏二极管上，检测器没有电信号输出；如有烟尘进入暗室时，发光二极管发出的光因散射作用而照射到光敏二极管上，光敏二极管工作状态发生变化，检测器发出电信号。

图 1-9　光电感烟式报警器

采用光电感烟报警器时，可以从检测场所的各检测点设管路分别与检测器相连，再利用风机抽吸检测点的空气，使空气由光电暗盒通过，当发生火警时，由于空气中含有大量烟雾，检测器发生信号。这种检测器适用装在有排风装置的场所。

感烟报警器灵敏度较高、寿命较长、价格较低，适用于火灾初起阶段有阴燃的场所，如宾馆、图书馆、变配电室、百货仓库等起火后即能生成烟雾的场所；不适用于灰尘较大、水蒸气弥漫等场所，如锅炉房、厨房等，以及有腐蚀性气体的场所。

1.5.6.3　感光报警器

感光报警器利用物质燃烧时火焰辐射的红外线和紫外线，制成红外检测器和紫外检测器。前者的敏感元件是硫化铝、硫化镉等制成的光导电池，这种敏感元件遇到红外辐射时即可产生电信号；后者的敏感元件是紫外光敏二极管，它只对光辐射中的紫外线波段起作用。光电报警器不适于在明火作业的场所中使用，在安装检测器的场所也不应划火柴、烧纸张，报警系统未切断时也不能动火，否则易发生误报。在安装紫外线光电报警器的场所，还应避免使用氙气灯和紫外线灯，以防误报。

1.6　灭火技术基本理论和灭火器材

1.6.1　灭火基本方法——针对燃烧的三个条件

一旦发生火灾，只要消除燃烧条件中的任何一条，火就会熄灭，这就是灭火技术的基本理论。在此基本理论指导下，常用的灭火方法有隔离、冷却和窒息（隔绝空气）等。

1.6.1.1　隔离法（针对可燃物和着火源）

隔离法就是将可燃物与着火源（火场）隔离开来，燃烧会因而停止。例如，装盛可燃气体、可燃液体的容器或管道发生着火事故或容器管道周围着火时，应立即采取以下措施：

（1）设法关闭容器与管道的阀门，使可燃物与火源隔离，阻止可燃物进入着火区；

（2）将可燃物从着火区移走，或在火场及其邻近的可燃物之间形成一道"水墙"加以隔离：

（3）阻拦正在流散的可燃液体进入火场，拆除与火源毗连的易燃建筑物等。

1.6.1.2　冷却法（针对可燃物）

冷却法就是将燃烧物的温度降至着火点（燃点）以下，使燃烧停止；或者将邻近着火场的可燃物温度降低，避免形成新的燃烧条件。如常用水或干冰（二氧化碳）进行降温灭火。

1.6.1.3　窒熄法（针对助燃物）

窒熄法就是消除燃烧的条件之一——助燃物（空气、氧气或其他氧化剂），使燃烧停止。主要是采取措施，阻止助燃物进入燃烧区，或者用惰性介质和阻燃性物质冲淡稀释助燃物，使燃烧得不到足够的氧化剂而熄灭。采取窒熄法的常见措施有：将灭火剂（如四氯化碳、二氧化碳、泡沫灭火剂等不燃气体或液体）喷洒覆盖在燃烧物表面上，使之不与助燃物接触；用惰性介质或水蒸气充满容器设备，将正在着火的容器设备封严密闭；用不燃或难燃材料捂盖燃烧物等。

1.6.2　灭火剂

为能迅速扑灭生产过程中发生的火灾，必须按照现代的防火技术水平、生产工艺过程的特点、着火物质的性质、灭火物质的性质以及取用是否便利等原则来选择灭火剂。目前工业企业常用的灭火物质有水、灭火泡沫、惰性气体、不燃性挥发液、化学干粉、固态物质等。

1.6.2.1　消防用水

水是最常用的灭火物质，它是取之不尽、用之不竭的天然灭火剂，在灭火中应用最广。它的主要优点是灭火性强、价格低廉、取用方便。水的吸热量比其他物质大，加热 1kg 水，使温度升高 1℃，需要 4186.8J 热量。如果灭火时水的初温为 10℃，那么 1L 水达到沸点（100℃）时需 376.8kJ 的热量，再变成水蒸气则需 2260.0kJ 的热量。所以 1L 水总共能吸收 2636.8kJ 的热量，这是水的冷却作用。同时，当水与燃烧物质接触时，会形成"蒸汽幕"，能够防止空气进入燃烧区，并能稀释燃烧区中氧的含量，使燃烧强度逐渐减弱，这是水的隔绝、窒息作用。当水蒸气在燃烧区的浓度超过 30% 时，即可将火熄灭。当水溶性可燃液体发生火灾时，在允许用水扑救的条件下，水可降低可燃液体浓度及燃烧区内可燃蒸气的浓度，这是水的稀释作用。此外，在扑救过程中用高压水流强烈冲击燃烧物和火焰，这种机械冲击作用可冲散燃烧物并使燃烧强度显著减弱。

水用于灭火的缺点是水具有导电作用，不宜扑灭带电设备的火灾，不能扑救遇水燃烧物质和非水溶性燃烧液体的火灾。此外，水与高温盐液接触会发生爆炸。比水轻的易燃液体能浮在水面燃烧并蔓延等。这些都是利用水作为灭火剂时应当注意的问题。

1.6.2.2　泡沫

泡沫是由液体的薄膜包裹气体形成的小气泡群。用水作为泡沫液膜的气体可以是空气或二氧化碳。由空气构成的泡沫叫空气机械泡沫或空气泡沫，由二氧化碳构成的泡沫叫化学泡沫。

泡沫的灭火机理是利用水的冷却作用和泡沫层隔绝空气的窒熄作用。在燃烧物表面形成的泡沫覆盖层，可使燃烧物表面与空气隔绝，由于泡沫层封闭了燃烧物表面，可以遮断火焰的热辐射，阻止燃烧物本身和附近可燃物质的蒸发；泡沫析出的液体可对燃烧表面进行冷却，而且泡沫受热蒸发产生的水蒸气能降低氧的浓度。这类灭火剂对可燃性液体的火灾最适用，是油田、炼油厂、石油化工、发电厂、油库以及其他企业单位油罐区的重要灭火剂，也用于普通火灾扑救。

灭火用的泡沫必须具有以下特性：

（1）泡沫的密度小于油的密度，微泡要具有凝聚性和附着性；

（2）液膜的强度对热应具有一定的稳定性和流动性；

（3）泡沫对机械或风应具有一定的稳定性和持久性。

化学泡沫是利用硫酸铝和碳酸氢钠的水溶液作用，产生 CO_2 泡沫。其反应式如下：

$$6NaHCO_3 + Al_2(SO_4)_3 \cdot 18H_2O \Longequal 6CO_2 + 2Al(OH)_3 + 3Na_2SO_4 + 18H_2O$$

碳酸氢钠和泡沫稳定剂都溶于水中，和硫酸铝的水溶液起反应，并由于化学反应而形成泡沫，所以称为化学泡沫，对于扑灭汽油、柴油等易燃液体的火灾较为有效。不过，由于化学泡沫灭火设备较为复杂、投资大、维护费用高，近来多采用设备简单、操作方便的空气泡沫。

1.6.2.3　空气泡沫灭火剂

空气泡沫灭火剂可分为普通蛋白泡沫灭火剂、氟蛋白泡沫灭火剂等类型。

普通蛋白泡沫是在水解蛋白和稳泡剂的水溶液中用发泡机械鼓入空气，并猛烈搅拌使之相互混合，形成充满空气的微小稠密的膜状泡泡群。这种泡沫能有效地扑灭烃类液体火焰。氟蛋白泡沫液是在普通蛋白泡沫中加入1%的 FCS 溶液（由氟表面活性剂、异丙醇、水三者组成，比例为3∶3∶3）配制而成的，有较高的热稳定性、较好的流动性和防油防水等能力，可用于油罐液下喷射灭火。氟蛋白泡沫弥补了普通蛋白泡沫流动性较差、易被油类污染等缺点。氟蛋白泡沫通过油层时，使油不能在泡沫内扩散而被分隔成小油滴，这些小油滴被未污染的泡沫包裹，浮在液面后，形成一个包含有小油滴的不燃烧但能封闭油品蒸气的泡沫层。在泡沫层内即使含汽油量达25%，也不会燃烧。而普通蛋白泡沫层内含10%的汽油时，即开始燃烧。这说明氟蛋白泡沫有较好的灭火性能。氟蛋白泡沫的另一个特点是能与干粉配合扑灭烃类液体火灾。

对于醇、酮、醚等水溶性有机溶剂，如果使用普通蛋白泡沫灭火剂，则泡沫膜中的水分会被水溶性溶剂吸收而消灭掉。针对水溶性可燃液体对泡沫具有破坏作用的特点，研制出了抗溶性泡沫灭火剂。这种灭火剂是在普通蛋白泡沫中添加有机酸金属络合盐制成，有机酸金属络合盐与泡沫中的水接触时，会析出有机酸金属皂，在泡沫壁上形成连续的固体薄膜，该薄膜能有效地防止水溶性有机溶剂吸收水分，从而保护泡沫，使泡沫能持久地覆盖在溶剂表面上，因而其灭火效果较好。但不宜扑救如乙醛（沸点20.2℃）等沸点很低的水溶性有机溶剂。

1.6.2.4　干粉灭火剂

干粉是细微的固体微粒，其作用主要是抑制燃烧。常用的干粉有碳酸氢钠、碳酸氢钾、磷酸二氢铵尿素干粉等。

碳酸氢钠干粉的成分是碳酸氢钠占93%，滑石粉占5%，硬脂酸镁占0.5%~2%，后两种成分是加重剂和防潮剂。从干粉灭火机中喷出的灭火粉末覆盖在固体的燃烧物上，构成阻碍燃烧的隔离层，而且此种固体粉末灭火剂遇火时放出水蒸气及二氧化碳。其反应式如下：

$$2NaHCO_3 \longrightarrow Na_2CO_3 + H_2O + CO_2, \ \Delta H$$

钠盐在燃烧区吸收大量的热，起到冷却和稀释可燃气体的作用；同时干粉灭火剂与燃烧区的氢化合物起作用，夺取燃烧反应的游离基，起到抑制燃烧的作用，致使火焰熄灭。

干粉灭火剂综合了泡沫、二氧化碳和四氯化碳灭火剂的特点，具有不导电、不腐蚀，扑救火灾速度快等优点，可扑救可燃气体、电气设备、油类、遇水燃烧物质等物品的火灾；其缺点是灭火后留有残渣，因而不宜用于扑灭精密机械设备、精密仪器、旋转电动机等引起的火灾。此外，由于干粉灭火剂冷却性较差，不能扑灭阴燃火灾，不能迅速降低燃烧物品表面温度，容易发生复燃。

1.6.2.5　二氧化碳灭火剂

二氧化碳灭火剂的主要作用是稀释空气中的氧浓度，使其降到燃烧最低需氧量以下，使火自动熄灭。二氧化碳灭火剂是将二氧化碳以液态的形式加压充装于灭火器中，因液态二氧化碳易挥发成气体，挥发后体积将扩大760倍，当它从灭火器里喷出时，由于气化吸收热量的关系，立即变成干冰。此种霜状干冰喷向着火处会立即气化，而把燃烧处包围起来，起到隔绝和稀释氧的作用。当二氧化碳占空气浓度的30%~35%时，燃烧就会停止，其灭火效率很高。

由于二氧化碳不导电，所以可用于扑灭电气设备的着火。对于不能用水扑救的遇水燃烧物质，使用二氧化碳扑救最为合适。因为二氧化碳能不留痕迹地把火焰熄灭，在可燃固体粉碎、干燥过程中发生起火以及精密机械设备等着火时，都可用二氧化碳灭火剂扑救。其缺点是冷却作用不好，火焰熄灭后，温度可能仍在燃点以上，有发生复燃的可能，故不适用于空旷地域的灭火。二氧化碳灭火剂不能扑救碱金属和碱土金属的火灾，因为二氧化碳与这些金属在高温下会起分解反应，游离出碳粒子，有发生爆炸的危险，如：

$$2Mg + CO_2 \Longrightarrow 2MgO + C$$

另外，二氧化碳能够使人窒息。以上这些是应用二氧化碳灭火剂时应注意的问题。

1.6.2.6　四氯化碳

四氯化碳的灭火机理是能蒸发冷却和稀释氧浓度。当四氯化碳落到火区中时迅速蒸发，由于其蒸气重（约为空气的 5.5 倍），能密集在火源四处包围着正在燃烧的物质，起到隔绝空气的作用。当空气中含有 10% 容积的四氯化碳蒸气时，燃着的火焰就迅速熄灭。故四氯化碳是一种阻燃能力很强的灭火剂，特别适用于带电设备的灭火。

四氯化碳有一定腐蚀性，用于灭火时其纯度应在 99% 以上，不能混有水分及二硫化碳等杂质，否则容易侵蚀金属。另外，当四氯化碳受热到 250℃ 以上时，能与水蒸气发生作用生成盐酸和光气，光气是剧毒的气体，空气中最高允许浓度仅为 0.0005mg/L；同时四氯化碳本身亦有毒性，空气中最高允许浓度为 25mg/L，所以禁止用四氯化碳来扑救电石和钾、钠、铝、镁等火灾。

1.6.2.7　1211 灭火剂

碳氢化合物（如甲烷）中的氢原子被卤族原子取代后，生成化合物的化学性质和物理性质会发生明显变化。例如甲烷是一种比空气轻的易燃气体，而命名为 1211 灭火剂的是二氟一氯一溴甲烷，分子式为 $CBrClF_2$，它是一种无色略带香味的气体，化学性质稳定，对金属腐蚀性小，有较好的绝缘性能，毒性也较小。1211 灭火剂能有效地扑灭电气设备火灾、可燃气体火灾、易燃和可燃液体火灾以及易燃固体的表面火灾；不宜扑灭自己能供氧气的化学药品（如硝化纤维）、化学性活泼的金属、金属的氢化物和能自燃分解的化学药品的火灾。

由于卤代烷对大气臭氧层有破坏作用，我国政府根据《蒙特利尔协议书》，在 2010 年淘汰全部卤代烷灭火剂。

1.6.3　灭火器材

我国目前生产的灭火器主要有泡沫灭火器、四氯化碳灭火器、1211 灭火器、干粉灭火器、清水灭火器等。按灭火器的驱动形式可分为储气瓶式，即灭火剂是由储气瓶中的压缩气体或液化气体驱动的灭火器（如清水灭火器）；储压式，即灭火剂是由储存于同一容器内的压缩气体或灭火剂自身的压力驱动的（如干粉灭火剂、二氧化碳灭火器和 1211 灭火器等）；化学反应式，即灭火剂是由化学反应产生的气体压力驱动的（如化学泡沫灭火器等）。按照灭火器适宜扑灭的可燃物质分为四类。用于扑灭 A 类物质（如木材、纸张、布匹、橡胶和塑料等）的火灾，称 A 类灭火器，如清水灭火器；用于扑灭 B 类物质（各种石油产品和油脂等）和 C 类物质（可燃气体）的火灾，称 B 类、C 类灭火器，如化学泡沫灭火器、干粉灭火器、二氧化碳灭火器等；用于扑灭 D 类物质（钾、钠、钙镁等轻金属）的火灾，称 D 类灭火器，如轻金属灭火器；此外还有 ABCD 类灭火器，又称通用灭火器，如磷铵干粉灭火器等。

1.6.3.1　泡沫灭火器

泡沫灭火器有手提式和推车式泡沫灭火器两类。手提式泡沫灭火器由筒身、筒盖、瓶胆、瓶胆盖、喷嘴和螺母等组成。

使用手提式泡沫灭火器时，应将灭火器竖直向上平衡地（不可倾倒）提到火场后，再颠倒筒身略加晃动，使碳酸氢钠和硫酸铝混合，产生泡沫从喷嘴喷射出去进行灭火。

使用注意事项：

（1）若喷嘴被杂物堵塞，应将筒身平放在地面上，用铁丝疏通喷嘴，不能采取打击筒体等措施；

（2）在使用时，筒盖和筒底不能朝向人身，防止发生意外爆炸时筒盖、筒底飞出伤人；

（3）应设置在明显而易于取用的地方，而且应防止高温和冻结。

（4）使用3年以上的手提式泡沫灭火器，其筒身应作水压试验，平时应经常检查泡沫灭火器的喷嘴是否通畅，螺帽是否拧紧，每年应检查一次药剂是否符合要求。

1.6.3.2　二氧化碳灭火器

二氧化碳灭火器有手提式和鸭嘴式灭火器两类，其基本结构是由钢瓶（筒体）、阀门、喷筒（喇叭）和虹吸管四部分组成。

钢瓶是用无缝钢管制成，肩部打有钢瓶的含量、CO_2含量、钢瓶编号、出厂年月等钢字。阀门用黄铜制造，手轮由铝合金铸造。阀门上有安全膜，当压力超过允许极限时即自行爆破，起泄压作用。喷筒用耐寒橡胶制成。虹吸管连接在阀门下部，伸入钢瓶底部，管子下部切成30°的斜口，以保证二氧化碳能连续喷完。

筒身内二氧化碳在使用压力（15MPa）下处于液态，打开二氧化碳灭火器后，压力降低，二氧化碳由液体变成气体。由于吸收气化热，喷嘴边的温度迅速下降，当温度下降到−78.5°时，二氧化碳将变成雪花状固体（常称干冰）。因此，由二氧化碳灭火器喷出来的二氧化碳，常常是呈雪花状的固体。

鸭嘴式二氧化碳灭火器使用时只要拔出保险销，将鸭嘴压下，即能喷出二氧化碳灭火。手提式二氧化碳灭火器（MT型）只需将手轮逆时针旋转，即能喷出二氧化碳灭火。

使用注意事项：

（1）二氧化碳灭火剂对着火物质和设备的冷却作用较差，火焰熄灭后，温度可能仍在燃点以上，有发生复燃的可能，故不适用于空旷地域的灭火。

（2）二氧化碳能使人窒息，因此，在喷射时人要站在上风处，尽量靠近火源。在空气不流畅的场合，如乙炔站或电石破碎间等室内喷射后，消防人员应立即撤出。

（3）二氧化碳灭火器应定期检查，当二氧化碳重量减小 1/10 时，应及时补充装灌。

（4）二氧化碳灭火器应放在明显而易于取用的地方，且应防止气温超过 42℃，并防止日晒。

1.6.3.3　四氯化碳灭火器

四氯化碳灭火器由筒身、阀门、喷嘴、手轮等组成。使用四氯化碳灭火器时，应颠倒四氯化碳灭火器，然后按逆时针方向转动手轮，打开阀门，四氯化碳立即从喷嘴喷出，进行灭火。

使用注意事项：

（1）四氯化碳是一种阻火能力很强的灭火剂，如前所述，但在不少条件下能生成盐酸和光气，所以，在使用四氯化碳灭火器时，必须戴防毒面具，并站在上风处。

（2）四氯化碳灭火器在扑救电气火灾时，应与电气设备保持一定距离，一般不应小于下列要求：

电压/V	10	35	66	110	154	220	330
距离/cm	40	60	70	100	140	180	240

（3）四氯化碳灭火器应设在明显而易于取用的地方，且应防止受热、日晒或腐蚀。

（4）四氯化碳灭火器应每隔半年检查一次气压，若气压低于 0.6MPa 时，应重新加压，使压力保持不小于 0.8MPa，定期检查灭火器的重量，若重量减小 1/10 以上时，应再充装，每隔 3 年对筒身进行水压试验，在 1.2MPa 的压力下，持续 2min 不渗漏、不变形时，才可继续使用。

1.6.3.4　干粉灭火器

干粉灭火器有手提式干粉灭火器、推车式干粉灭火器和背负式干粉灭火器三类。储气式手提干粉灭火器由筒身、二氧化碳小钢瓶、喷枪等组成，以二氧化碳作为发射干粉的动力气体。小钢瓶设在筒外的，称外装式干粉灭火器；小钢瓶设在筒内的称为内装式干粉灭火器。

储压式干粉灭火器省去了储气钢瓶，驱动气体采用氮气，不受低温影响，从而扩大了使用范围。

手提式干粉灭火器喷射灭火剂的时间短，有效的喷射时间最短的只有 6s，最长的也只有 15s。因此，为能迅速扑灭火灾，使用时应注意以下几点。

（1）应了解和熟练掌握灭火器的开启方法。使用手提式干粉灭火器时，应先将灭火器颠倒数次，使筒内干粉松动，然后撕去灭火器头上的铝封，拔去保险销，一手握住胶管，将喷嘴对准火焰的根部，另一只手按下压把或提起拉环，在二氧化碳的压力下喷出干粉灭火。

（2）应使灭火器尽可能在靠近火源的地方开始启动，不能在离起火源很远的地方就开启灭火器。

（3）喷粉要由近而远向前平推，左右横扫，不使火焰蹿向。

（4）手提式干粉灭火器应设在明显易于取用，且通风良好的地方，每隔半年检查一次干粉质量（是否结块），称一次二氧化碳小钢瓶的重量。若二氧化碳小钢瓶的重量减小 1/10 以上，则补充二氧化碳。应每隔一年进行水压试验。

灭火器的主要性能见表 1-25。不同建筑物或场所，应设置灭火器的类型和数量可参考表 1-26 确定。

表 1-25　各种灭火器的主要性能

灭火器种类	二氧化碳灭火器	四氯化碳灭火器	干粉灭火器	1211 灭火器	泡沫灭火器
规格	2kg 以下，2～3kg，5～7kg	2kg 以下，2～3kg，5～8kg	8kg，50kg	1kg，2kg，3kg	10L，56～130L
药剂	瓶内装有压缩成液态的二氧化碳	瓶内装有四氯化碳液体，并加有一定压力	钢筒内装有钾盐或钠盐干粉，并备有盛装压缩气体的小钢瓶	钢筒内装有二氟一氯一溴甲烷，并充压缩氮气	筒内装有碳酸氢钠、发沫剂和硫酸铝溶液
用途	不导电，可扑救电气、精密仪器、油类和酸类火灾；不能扑救钾、钠、镁、铝等物质火灾	不导电，可扑救电气设备火灾；不能扑救钾、钠、镁、铝、乙炔、二氧化碳等物质火灾	不导电，可扑救电气设备火灾，可扑救石油、石油产品、有机溶剂、天然气和天然气设备化碳火灾；不宜扑救旋转电机火灾	不导电，可扑救油类、电气设备、化工化纤等初起火灾	有一定导电性，可扑救油类或其他易燃液体火灾；不能扑救忌水和带电物品火灾
效能	接近着火地点，保持 3m 远	3kg 喷射时长 30s，射程 7m	8kg 喷射时间 4～18s，射程 4.5m；50kg 喷射时长 50～55s，射程 6～8m	1kg 喷射时间 6～8s，射程 2～3m	10L 喷射时间 60s，射程 8m；65L 喷射时长 170s，射程 13.5m
使用方法	一手拿好喇叭筒对着火源，另一手打开开关即可	只要打开开关，液体就可喷出	提起拉环，干粉即可喷出	拔下铅封或横销，用力压下压把即可	倒过来稍加摇滚或打开开关，药剂即喷出

续表 1-25

灭火器种类	二氧化碳灭火器	四氯化碳灭火器	干粉灭火器	1211 灭火器	泡沫灭火器
保养和检查方法	保管： ①置于取用方便的地方 ②注意使用期限 ③防止喷嘴堵塞 ④冬季防冻，夏季防晒 检查： 二氧化碳灭火器每月测量一次。当低于原重 1/10 时，应充气	保管： ①置于取用方便的地方 ②注意使用期限 ③防止喷嘴堵塞 ④冬季防冻，夏季防晒 检查： 四氯化碳灭火器，应检查压力情况，少于规定压力时应充气	置于干燥通风处，防受潮日晒，每年抽查一次干粉是否受潮或结块。小钢瓶内的气体压力，每半年检查一次，如重量减少 1/10，应换气	置于干燥处，无摔碎，每年检查一次重量	一年检查一次，泡沫发生倍数低于 4 倍时，应换药

表 1-26 灭火器的选择和设置数量

场　　所	类型选择	设置数量/个·m^{-2}
油浸电力变压器室、油开关、高压电容器、调压气室、发电机房、电信楼、广播楼	1211 灭火器 二氧化碳灭火器 四氯化碳灭火器	1/50
甲、乙类火灾危险性的生产厂房	1211 灭火器 泡沫灭火器 干粉灭火器	1/50
甲、乙类火灾危险性的库房	1211 灭火器 泡沫灭火器 干粉灭火器	1/80
丙类火灾危险性的生产厂房	泡沫灭火器 干粉灭火器 清水灭火器 酸碱灭火器	1/80
丙类火灾危险性的库房	泡沫灭火器 清水灭火器 酸碱灭火器	1/100

续表 1-26

场　　所	类型选择	设置数量/个·m^{-2}
甲、乙类火灾危险性的露天生产装置区	1211 灭火器 泡沫灭火器 干粉灭火器	1/150～1/100
丙类火灾危险性的露天生产装置区	泡沫灭火器 清水灭火器 酸碱灭火器	1/200～1/150
易燃和可燃液体装卸栈台	1211 灭火器 泡沫灭火器 干粉灭火器	接栈台长度 每 10～15m 设置 1 个
液化石油气、可燃气体罐区	1211 灭火器 干粉灭火器	按储罐数量计算， 每罐设两个
旅馆、办公楼、教学楼、医院	1211 灭火器 泡沫灭火器 清水灭火器 酸碱灭火器	1/100～1/50
百货楼、展览楼、图书楼、邮政楼、财政金融楼	1211 灭火器 泡沫灭火器 干粉灭火器 清水灭火器	1/80～1/50
科研楼	根据工作性质， 参考以上各项规定	根据工作性质， 参考以上各项规定

注：1. 油浸电力变压器室、油开关等也可用干粉灭火器。
　　2. 表内灭火器数量系指手提式灭火器（即 10L 泡沫灭火器、8kg 干粉灭火器、5kg 二氧化碳灭火器、4kg1211 灭火器）的数量。

1.7　自动喷淋系统

　　消防喷淋系统是一种消防灭火装置，是目前应用十分广泛的一种固定消防设施，它具有价格低廉、灭火效率高等特点。根据功能不同可以分为人工控制和自动控制两种形式。系统安装报警装置，可以在发生火灾时自动发出警报，自动控制式的消防喷淋系统还可以自动喷水并且和其他消防设施同步联动工作，因此能有效控制、扑灭初期火灾。

1.7.1　系统组成

　　自动灭火系统是一种在发生火灾时，能自动打开喷头喷水灭火并同时发出火警信号的消防灭火设施，系统在火灾发生后能通过各种方式自动开启，并能同时通过加压设备将水送入管网维持喷头洒水灭火一定时间。该系统是当今世界上公认的最为有效、应用最广泛的自救灭火设施，具有安全可靠、经济实用、灭火成功率高等优点。

自动喷水灭火系统由洒水喷头、报警阀组、水流报警装置（水流指示器或压力开关）等组件，以及管道、供水设施与泵组成。

1.7.2　系统分类及其工作原理

自动喷水灭火系统的分类根据被保护现场所需的气象条件、对被保护场所的保护目的、可燃物类别和火灾燃烧特性、空间环境和喷头特性等因素综合确定。常用的自动喷水灭火系统可分为闭式自动喷水灭火系统和开式自动喷水灭火系统。

闭式自动喷水灭火系统可分为湿式系统、干式系统、预作用系统等，是采用带温感释放器的闭式洒水喷头的自动喷水灭火系统。失火时，热气流融化喷头的温感释放器而进行洒水灭火。

1.7.3　闭式灭火喷淋系统

1.7.3.1　湿式灭火系统

（1）系统组成。湿式系统由湿式报警阀组、闭式喷头、水流指示器、控制阀门、末端试水装置、管道和供水设施等组成。系统的管道内充满有压水，一旦发生火灾，喷头动作后立即喷水。

（2）工作原理。火灾发生的初期，建筑物的温度随之不断上升，当温度上升到足以使闭式喷头温感元件爆破或熔化脱落时，喷头即自动喷水灭火。该系统结构简单，使用方便、可靠，便于施工，容易管理，灭火速度快，控火效率高，比较经济，适用范围广，占整个自动喷水灭火系统的75%以上，适合安装在能用水灭火的建筑物、构筑物内。

湿式系统灭火演示如图1-10所示。

（3）适用范围。在环境温度不低于4℃、不高于70℃的建筑物和场所（不能用水扑救的建筑物和场所除外）都可以采用湿式系统。该系统局部应用时，适用于室内最大净空高度不超过8m、总建筑面积不超过1000m³的民用建筑中的轻危险级或中危险级Ⅰ级需要局部保护的区域。

1.7.3.2　干式灭火系统

（1）系统组成。干式系统是报警阀后充满压力气体的灭火系统，系统由闭式喷头、管道系统、干式报警阀组和供水设施、补气装置等组成。

（2）工作原理。干式系统与湿式类似只是控制信号阀的结构和作用原理不同。配水管网与供水管间设置干式控制信号阀将它们隔开，而在配水管网中平时

图 1-10   湿式系统灭火演示示意图

充满着压力气体，用于系统的启动。平时管网中充的是气体，发生火灾时，喷头首先喷出气体，使管网中压力降低，供水管道中的压力水打开控制信号阀而进入配水管网，接着从喷头喷出灭火。不过该系统需要多增设一套充气设备，一次性投资高、平时管理较复杂、灭火速度较慢。

干式系统灭火演示示意图如图 1-11 所示。

（3）适用范围。干式系统适用于环境温度低于 4℃ 和高于 70℃ 的建筑物和场所，如不采暖的地下车库、冷库等。

1.7.3.3   预作用式系统

（1）系统组成。预作用式系统与干式系统一样为喷头常闭的灭火系统。系统由火灾探测系统、闭式喷头、水流指示器、预作用报警阀组，以及管道和供水设备等组成。

（2）工作原理。预作用系统在准工作状态时，报警阀后配水管道内也不充水，而充以有压或无压的气体，配套设置火灾自动报警系统。发生火灾时，由感烟火灾探测器报警，同时发出信息开启报警信号，报警信号延迟 30s，证实无误后，自动启动预作用报警阀，向喷水管网中自动充水，转为湿式系统。温度再升高，喷头的闭锁装置脱落，喷头即自动喷水灭火。平时补气维持管道内气压，是

图 1-11 干式系统灭火演示示意图

为了发现管网和喷头是否漏气，以便及时检修，避免系统误充水时漏水，造成水渍污染。

预作用自动喷水系统灭火原理示意图如图 1-12 所示。

（3）适用范围：

1）系统处于准工作状态时，严禁管道漏水；

2）严禁系统误喷；

3）替代干式系统。

1.7.4 开式灭火喷淋系统

采用开式洒水喷头的自动喷水灭火系统包括雨淋系统、水喷雾系统、水幕系统。

（1）雨淋系统。由火灾自动报警系统或传动管控制，自动开启雨淋报警阀和启动供水泵后，向开式洒水喷头供水的自动喷水灭火系统，亦称开式系统。

（2）水喷雾系统。由水源、供水设备、管道、雨淋报警阀组、过滤器、水雾喷头和报警装置等组成，向保护对象喷射水雾灭火或防护冷却的灭火系统。

（3）水幕系统。由开式洒水喷头或水幕喷头、雨淋报警阀组或感温雨淋阀，

图 1-12　预作用自动喷水系统灭火原理示意图

以及水流报警装置（水流指示器或压力开关）等组成，用于挡烟阻火和冷却分隔物的喷水系统。

2 爆炸与防爆基本原理

由于爆炸事故往往是在意想不到的情况下发生的，因此，人们往往认为爆炸是难以预防的。实际上，只要认真研究爆炸的过程及其规律，采取有效的防护措施，生产和生活中的这类事故是可以预防的。

2.1 爆炸机理

2.1.1 爆炸及其分类

2.1.1.1 爆炸的定义

广义地说，爆炸是物质在瞬间以机械功的形式释放出大量气体和能量的现象。由于物质状态的急剧变化，爆炸发生时会使压力猛烈增高并产生巨大的声响。

所谓"瞬间"，就是说爆炸发生于极短的时间内，通常是在 1s 之内完成。例如，乙炔罐里的乙炔与氧气混合发生爆炸时，大约在 1/100s 内完成下列化学反应：

$$2C_2H_2 + 5O_2 \xrightarrow{\quad} 4CO_2 + 2H_2O, \Delta H$$

同时释放出大量热能和二氧化碳、水蒸气等气体，能使罐内压力升高 10~13 倍，其爆炸威力可以使罐体升空 20~30m。这种克服地心引力将重物举高一段距离的则是机械功。

人们正是利用爆炸时的这种机械功，在采矿和修筑铁路、水库等时，开山放炮，大大地加快了工程的进度，使得用手工和一般工具难以完成的任务得以实现。

2.1.1.2 爆炸特征

爆炸的内部特征是，物质发生爆炸时，产生的大量气体和能量在有限体积内突然释放或急剧转化，并在极短时间内在有限体积中积聚，造成高温高压。爆炸的外部特征是爆炸介质在压力作用下，对周围物体（容器或建筑物等）形成急剧突跃压力冲击，或者造成机械性破坏效应，以及周围介质受震动而产生的声响效应。

应当指出，生产中某些完全密闭的耐压容器，虽然其中的可燃混合气发生爆炸，但由于容器是足够耐压的，所以容器并没有被破坏，这说明爆炸和容器设备的破坏没有必然的联系。容器的破坏不仅可以由爆炸引起，而且其他物理因素（如容器内介质的体积膨胀，使压力上升）也同样可以引起一般的破坏现象。因此，压力的瞬时急剧升高才是爆炸的主要特征。

2.1.1.3 爆炸的分类

按照爆炸能量来源的不同，爆炸可分为以下三类：

（1）物理性爆炸。这是由物理变化（温度、体积和压力等物理因素）引起的。在物理性爆炸的前后，爆炸物质的性质及化学成分均不改变。

锅炉的爆炸是典型的物理性爆炸，其原因是过热的水迅速蒸发出大量蒸汽，使蒸汽压力不断升高，当压力超过锅炉的极限强度时，就会发生爆炸。又如，氧气钢瓶受热升温，引起气体压力升高，当压力超过钢瓶的极限强度时即发生爆炸。发生物理性爆炸时，气体或蒸汽等介质潜藏的能量在瞬间释放出来，会造成巨大的破坏和伤害。例如，某钢厂一列拖着钢渣罐的火车开到矿渣厂，在卸车时突然有三个钢渣罐（钢渣有上千摄氏度高温）先后滚到水塘里，顿时听到一声又一声巨响，发生了蒸汽爆炸（水变成500℃的蒸汽时，体积将增大3500倍）。只见钢渣罐像火球一样飞向空中，其中一个罐飞出70m远并落在工棚上，引起工棚着火；另外两个罐飞到101m远的修建队仓库以及附近的房屋上。共烧毁1000多平方米建筑物，烧死烧伤多人。

上述这些物理性爆炸是蒸汽和气体膨胀力作用的瞬时表现，它们的破坏性取决于蒸气或气体的压力。

（2）化学性爆炸。这是物质在短时间内完成化学变化，生成其他物质，同时产生大量气体和能量的现象。例如，用来制作炸药的硝化棉在爆炸时放出大量热量，同时生成大量气体（CO、CO_2、H_2 和水蒸气等），爆炸时的体积竟会突然增大47万倍，燃烧在几万分之一秒内完成。由于一方面生成大量气体和热量，另一方面燃烧速度又极快，瞬时生成的大量高温气体来不及膨胀和扩散，因此仍保持着很小的体积。由于气体的压力同体积成反比，$pV=K$（常数），依理想气体状态方程，在物理性爆炸中，气体的体积越小，压力就越大，而且这个压力产生极快，对周围物体的作用就像急剧的一击，连最坚固的钢板、最坚硬的岩石也难以承受。同时，爆炸还会产生强大的冲击波，这种冲击波不仅能推倒建筑物，对在场人员还具有杀伤作用。

化学反应的高速度，同时产生的大量气体和大量热量，是化学性爆炸的三个基本要素。

（3）核爆炸，这是某些物质的原子核发生裂变反应或聚变反应时，释放出巨大能量而发生的爆炸，如原子弹、氢弹的爆炸。

工矿企业的爆炸事故以化学性爆炸居多，本书着重讨论化学性爆炸。

按照爆炸反应相的不同，爆炸可分为以下三类。

（1）气相爆炸。它包括可燃性气体和助燃性气体混合物的爆炸；气体的分解爆炸；液体被喷成雾状物在剧烈燃烧时引起的爆炸，称喷雾爆炸；飞扬悬浮于空气中的可燃粉尘引起的爆炸等。气相爆炸的分类见表2-1。

表2-1　气相爆炸类型

类　型	爆炸原理	举　例
混合气体爆炸	可燃性气体和助燃气体以适当的浓度混合，由燃烧波或爆炸波的传播而引起的爆炸	空气和氢气、丙烷、乙醚等混合气体的爆炸
气体的分解爆炸	单一气体由于分解反应产生大量的反应热引起的爆炸	乙炔、乙烯、氯乙烯等在分解时引起的爆炸
粉尘爆炸	空气中飞散的易燃性粉尘，由于剧烈燃烧引起的爆炸	空气中飞散的铝粉、镁粉等引起的爆炸
喷雾爆炸	空气中易燃液体被喷成雾状物，在剧烈的燃烧时引起的爆炸	油压机喷出的油雾、喷漆作业引起的爆炸

（2）液相爆炸。它包括聚合爆炸、蒸发爆炸以及由不同液体混合引起的爆炸。例如硝酸和油脂、液氧和煤粉等混合时引起的爆炸；熔融的矿渣与水接触或钢水包与水接触时，由于过热，发生快速蒸发引起的蒸汽爆炸等。液相爆炸的例子见表2-2。

（3）固相爆炸。它包括爆炸性化合物及其他爆炸性物质的爆炸（如乙炔铜的爆炸）；导线因电流过载，由于过热，金属迅速气化而引起的爆炸等。固相爆炸的例子见表2-2。

表2-2　液相、固相爆炸类别

类　别	爆炸原因	举　例
混合危险物质的爆炸	氧化性物质与还原性物质或其他物质混合引起的爆炸	硝酸和油脂、液氧和煤粉、高锰酸钾和浓酸、无水顺丁烯二酸和烧碱等混合时引起的爆炸
易爆化合物的爆炸	有机过氧化物、硝基化合物、硝酸酯等燃烧引起爆炸和某些化合物的分解反应引起爆炸	丁酮过氧化物、三硝基甲苯、硝基甘油等的爆炸；偶氮化铅、乙炔铜等的爆炸
导线爆炸	在有过载电流流过时，使导线过热，金属迅速气化而引起爆炸	导线因电流过载而引起的爆炸
蒸气爆炸	由于过热，发生快速蒸发而引起的爆炸	熔融的矿渣与水接触，钢水与水混合产生蒸气爆炸
固相转化时造成的爆炸	固相相互转化时放出热量，造成空气急速膨胀而引起爆炸	无定形锑转化成结晶形锑时，由于放热而造成爆炸

按照爆炸的瞬时燃烧速度的不同，爆炸可分为以下三类：

（1）轻爆。物质爆炸时的燃烧速度为每秒数米，爆炸时无多大破坏力，声响也不大。例如无烟火药在空气中的快速燃烧，可燃气体混合物在接近爆炸浓度上限或下限时的爆炸即属于此类。

（2）爆炸。物质爆炸时的燃烧速度为每秒十几米至数百米，爆炸时能在爆炸点引起压力激增，有较大的破坏力，有震耳的声响。可燃性气体混合物在多数情况下的爆炸，以及被压缩火药遇火源引起的爆炸等即属于此类。

（3）爆轰。物质爆炸时的燃烧速度为 $1000 \sim 7000 m/s$。爆轰时的特点是突然引起极高压力并产生超音速的冲击波。由于在极短时间内发生燃烧产物急速膨胀，像活塞一样挤压其周围气体，反应所产生的能量有一部分传给被压缩的气体层，于是形成的冲击波由它本身的能量所支持，迅速传播并能远离爆轰的发源地而独立存在；同时，可引起该处的其他爆炸性气体混合物或炸药发生爆炸，从而产生一种"殉爆"现象。换言之，装药的爆炸能引起与其相距一定距离的被惰性介质隔离的装药的爆炸，这一现象叫做殉爆。某些气体混合物的爆轰速度见表 2-3。

表 2-3　某些气体混合物的爆轰速度

混合气体	混合百分比/%	爆轰速度/$m \cdot s^{-1}$	混合气体	混合百分比/%	爆轰速度/$m \cdot s^{-1}$
乙醇-空气	6.2	1690	甲烷-氧	33.3	2146
乙烯-空气	9.1	1734	苯-氧	11.8	2206
一氧化碳-氧	66.7	1624	乙炔-氧	40.0	2716
二硫化碳-氧	25.0	1800	氢-氧	66.7	2821

殉爆的英文是 sympathetic detonation，是指当炸药（主发药包）发生爆炸时，由于爆轰波的作用引起相隔一定距离的另一炸药（被发药包）爆炸的现象。为防止殉爆的发生，应保持使空气冲击波失去引起殉爆能力的距离，其安全距离按下式计算：

$$s = k\sqrt{m} \qquad\qquad (2-1)$$

式中　s——不引起殉爆的安全间距，m；

　　　m——爆炸物的质量，kg；

　　　k——系数，平均值取 $1 \sim 5$（有围墙取 1，无围墙取 5）。

2.1.2　爆炸的破坏作用

2.1.2.1　冲击波

爆炸形成的高温、高压、高能量密度的气体产物，以极高的速度向周围膨胀，强烈压缩周围的静止空气，使其压力、密度和温度突跃升高，像活塞运动一样推向前进，产生波状气压向四周扩散冲击。这种冲击波能造成附近建筑物的破坏，其破坏程度与冲击波能量的大小有关，与建筑物的坚固程度及产生冲击波的中心距离有关。

2.1.2.2 碎片冲击

爆炸的机械破坏效应会使容器、设备、装置以及建筑材料的碎片，在相当大的范围内飞散而造成伤害。碎片的飞散距离一般可达 100~500m。

2.1.2.3 震荡作用

爆炸发生时，特别是较猛烈的爆炸往往会引起短暂的地震波。例如，某市的亚麻厂发生麻尘爆炸时，有连续三次爆炸，结果在该市地能局的地震检测仪上，记录了在 7s 之内的曲线上出现有三次高峰。在爆炸波及的范围内，这种地震波会造成建筑物的震荡、开裂、松散倒塌等危害。

2.1.2.4 造成二次事故

发生爆炸时，如果车间、库房（如制氢车间、汽油库或其他建筑物）存放有可燃物资，会造成火灾，高空作业人员受冲击波或震荡作用，会造成高处坠落事故，粉尘作业场所轻微的爆炸冲击波会使积存于地面上的粉尘扬起，造成更大范围的二次爆炸等。

2.1.3 分解爆炸

具有分解爆炸特性的物质，如乙炔（C_2H_2）、叠氮铅 $[Pb(N_2)_2]$ 等，在温度、压力或摩擦、撞击等外界因素作用下，会发生爆炸性分解。因此，在生产中必须采取相应的防护措施，防止发生这类事故。

2.1.3.1 气体的分解爆炸

能够发生爆炸性分解的气体，在温度、压力等作用下的分解反应，会释放相当数量的热量，从而给燃爆提供所需的能量。生产中常见的乙炔、乙烯、环氧乙烷和二氧化氮等气体，都具有发生分解爆炸的危险。

以乙炔为例，当乙炔受热或受压时容易发生聚合、加成、取代和爆炸性分解等化学反应，温度达到 200~300℃ 时，乙炔分子就开始发生聚合反应，形成其他更复杂的化合物。例如，生成苯（C_6H_6）、苯乙烯（C_8H_8）等聚合反应时放出热量：

$$3C_2H_2 \longrightarrow C_6H_6, \quad \Delta_r H_m^{\ominus} = +630J/mol$$

放出的热量使乙炔的温度升高，促使聚合反应加强和加速，从而放出更多的热量，以致形成恶性循环，最后当温度达到 700℃，压力超过 0.15MPa 时，未聚合反应的乙炔分子就会发生爆炸性分解。

乙炔是吸热化合物，即由元素组成乙炔时需要消耗大量的热。当乙炔分解时即放出它在生成时所吸收的全部热量：

$$C_2H_2 \longrightarrow 2C + H_2, \quad \Delta_r H_m^{\ominus} = +226.04J/mol$$

分解时的生成物是细粒固体碳及氢气，如果这种分解是在密闭容器（如乙炔储罐、乙炔发生器或乙炔瓶）内进行的，则由于温度的升高，压力急剧增大 $10\sim13$ 倍而引起容器的爆炸。由此可知，如果在乙炔的聚合反应过程中能及时导出大量的热，就可避免发生爆炸性分解。

增加压力也能促使和加速乙炔的聚合及分解反应。温度和压力对乙炔的聚合与爆炸分解的影响可用图 2-1 所示的曲线来表示。图中的曲线表明，压力越高，由于聚合反应促成分解爆炸所需的温度就越

图 2-1　乙炔的聚合作用与爆炸分解

低；温度升高，在较小的压力下就会发生爆炸性分解。

此外，乙烯在高压下的分解反应式为：

$$C_2H_4 \longrightarrow C + CH_4, \qquad \Delta_rH_m^{\ominus} = +127.8 \text{J/mol}$$

分解爆炸所需的能量，随压力的升高而降低。

氮氧化物在一定压力下也会产生分解爆炸，其分解反应式为：

$$N_2O \longrightarrow N_2 + \frac{1}{2}O_2, \quad \Delta_rH_m^{\ominus} = +81.9 \text{J/mol}$$

$$NO \longrightarrow \frac{1}{2}N_2 + \frac{1}{2}O_2, \quad \Delta_rH_m^{\ominus} = +90.7 \text{J/mol}$$

在高压下容易引起分解爆炸的气体，当压力降至某数值时，就不再发生分解爆炸，此压力称为分解爆炸的临界压力。乙炔分解爆炸的临界压力为 0.14MPa，N_2O 为 0.25MPa，NO 为 0.15MPa；乙烯在0℃下的分解爆炸临界压力为4MPa。

2.1.3.2　简单分解的爆炸性物质

这类物质在爆炸时分解为元素，并在分解过程中产生热量，如乙炔银、乙炔铜、碘化氮、叠氮铅等。乙炔银受摩擦或撞击时的分解爆炸反应式为：

$$Ag_2C_2 \longrightarrow 2Ag + 2C, \ \Delta_rH_m^{\ominus}$$

简单分解的爆炸性物质很不稳定，受摩擦、撞击，甚至轻微震动都可能发生爆炸，其危险性很大。如某化工厂的乙炔发生器出气接头损坏后，焊工用紫铜做成接头，使用了一段时间，发现出气孔被黏性杂质堵塞，就用铁丝去捅，正在来回捅的时候，突然发生爆炸，该焊工当场被炸死。起初找不出事故原因，后来调查组经过调查，才确定事故原因是由于铁丝与接头出气孔内表面的乙炔铜互相摩擦，引起乙炔铜的分解爆炸。该事故原因也说明了为什么安全规程规定，与乙炔接触的设备零件，不得用含铜量超过 70% 的铜合金制作。

2.1.3.3 复杂分解的爆炸性物质

这类物质包括各种含氧炸药和烟花爆竹等。含氧炸药在发生爆炸时伴有燃烧反应，燃烧所需的氧由物质本身分解供给。苦味酸、梯恩梯、硝化棉等都属于此类。例如，硝化甘油的分解爆炸反应式为

$$4C_3H_5(ONO_2)_3 = 12CO_2 + 10H_2O + O_2 + 6N_2, \Delta_r H_m^{\ominus}$$

2.1.4 可燃性混合物爆炸

2.1.4.1 燃爆特性

可燃性混合物是指由可燃物质与助燃物质组成的爆炸性物质，所有可燃气体蒸气和可燃粉尘与空气（或氧气）组成的混合物均属此类。例如，一氧化碳与空气混合的爆炸反应：

$$2CO + O_2 + 3.76N_2 = 2CO_2 + 3.76N_2, \Delta_r H_m^{\ominus}$$

这类爆炸实际上是在火源作用下的一种瞬间燃烧反应。

通常称可燃性混合物为有爆炸危险的物质，它们只是在适当的条件下才变为危险的物质。这些条件包括可燃物质的含量、氧化剂含量以及点火源的能量等。可燃性混合物的爆炸危险性较低，但较普遍，工业生产中遇到的主要是这类爆炸事故。因此，下面着重讨论可燃性混合物的危险性及其安全措施。

2.1.4.2 爆炸极限

可燃气体、可燃蒸气或可燃粉尘与空气构成的混合物，并不是在任何混合比例之下都有着火和爆炸的危险，而必须是在一定的比例范围内混合才能发生燃爆。混合的比例不同，其爆炸的危险程度亦不相同。由一氧化碳与空气构成的混合物在火源作用下的燃爆实验情况见表 2-4。

表 2-4 CO 与空气混合在火源作用下的燃爆情况

CO 在混合气体中所占体积/%	燃爆情况
5<12.5	不燃不爆
12.5	轻度燃爆
>12.5~30	燃爆逐渐加强
30	燃爆最强烈
30~80	燃爆逐渐减弱
80	轻度燃爆
>80	不燃不爆

表 2-4 所列的混合比例及其相对应的燃爆情况，清楚地说明可燃性混合物有一个发生燃烧和爆炸的浓度范围。亦即有个最低浓度和最高浓度，混合物中的可燃物只有在这两个浓度之间才会有燃爆危险。

可燃物质（可燃气体、蒸气和粉尘）与空气（或氧气）必须在一定的浓度

范围内均匀混合，形成预混气，遇到火源才会发生爆炸，这个浓度范围称为爆炸极限（或爆炸浓度极限）。可燃物质的爆炸极限受诸多因素的影响。例如，可燃气体的爆炸极限受温度、压力、氧含量、能量等影响，可燃粉尘的爆炸极限受分散度、湿度、温度和惰性粉尘等影响。

可燃气体和蒸气爆炸极限的单位，是以其在混合物中所占体积的百分比来表示的。如上面所列一氧化碳与空气混合物的爆炸极限为 12.5%~80%，可燃粉尘的爆炸极限是以其在单位体积混合物中的质量数（g/m^3）来表示的，例如铝粉的爆炸极限为 $40g/m^3$。可燃性混合物能够发生爆炸的最低浓度和最高浓度分别称为爆炸下限和爆炸上限，如上述的 12.5% 和 80%。这两者有时亦称为着火下限和着火上限。在低于爆炸下限和高于爆炸上限浓度时，既不爆炸，也不着火。这是由于前者的可燃物浓度不够，过量空气的冷却作用阻止了火焰的蔓延；而后者则是空气不足，火焰不能蔓延的缘故。也正因为如此，可燃性混合物的浓度大致相当于完全反应的浓度（上述的 30%）时，具有最大的爆炸威力。完全反应的浓度可根据燃烧反应方程式计算出来。

可燃性混合物的爆炸极限范围越宽，其爆炸危险性越大，这是因为爆炸极限越宽，出现爆炸条件的机会越多。爆炸下限越低，少量可燃物（如可燃气体稍有泄漏）就会形成爆炸条件；爆炸上限越高，则有少量空气渗入容器，就能与容器内的可燃物混合形成爆炸条件。生产过程中，应根据各种可燃物所具有爆炸极限的不同特点，采取严防跑、冒、滴、漏和严格限制外部空气渗入容器与管道内等安全措施。应当指出，可燃性混合物的浓度高于爆炸上限时，虽然不会着火和爆炸，但当它从容器或管道里逸出重新接触空气时却能燃烧，因此仍有发生着火的危险。

2.1.5　爆炸反应历程

可燃气体、蒸气或粉尘预先与空气均匀混合并达到爆炸极限，这种混合物称为爆炸性混合物。

按照链式反应理论，爆炸性混合物与火源接触，就会有活性分子生成或成为连锁反应的活性中心。爆炸性混合物在一点上着火后，热以及活性中心都向外传播，促使邻近的一层混合物起化学反应，然后这一层又成为热和活性中心的源泉而引起另一层混合物的反应，如此循环，持续进行，直至全部爆炸性混合物反应完为止，爆炸时的火焰是一层层向外传播的，在没有界线物包围的爆炸性混合物中，火焰是以一层层同心圆球面的形式向各方面蔓延的。火焰的速度在距离着火地点 0.5~1m 处仅为每秒若干米，但以后逐渐加速，最后可达每秒数百米以上。若在火焰扩展的路程上遇有遮挡物，由于混合物的温度和压力的剧增，会对遮挡物造成极大的破坏。

爆炸大多随着燃烧而发生，所以，长期以来燃烧理论的观点认为：当燃烧在某一定空间内进行时，如果散热不良会使反应温度不断提高，温度的提高又会促使反应速度加快，如此循环进展而导致爆炸的发生，亦即爆炸是由于反应的热效应引起的，因而称为热爆炸。但在另一种情况下，爆炸现象不能简单地用热效应来解释。例如，氢和溴的混合物在较低温度下爆炸时，其反应式为：

$$H_2 + Br_2 \Longrightarrow 2HBr, \quad \Delta_r H_m^\ominus = +3.5 \text{kJ/mol}$$

反应热总共只有 3.5kJ/mol；而二氧化硫和氢的反应，其反应式为：

$$SO_2 + 3H_2 \Longrightarrow H_2S + 2H_2O, \quad \Delta_r H_m^\ominus = +12.6 \text{kJ/mol}$$

反应热是 12.6kJ/mol，却不会爆炸。因此，有些爆炸现象需要用化学动力学的观点来说明，即爆炸的原因不是由于简单的热效应，而是链式反应的结果。

链式反应有直链反应和支链反应两种。下面以氢和氧的链式反应为例。氢和氧的连锁反应属于支链反应，它的特点是：在反应中，一个游离基（活性中心）能生成两个以上的游离基，例如：

$$H^\cdot + O_2 \Longrightarrow OH^\cdot + O^\cdot$$

$$O^\cdot + H_2 \Longrightarrow OH^\cdot + H^\cdot$$

于是反应链就会分支（见图 1-2）。在链增长（即反应可以增值游离基）的情况下，如果与之同时发生的销毁游离基（链终止）的反应速度不高，则游离基的数目就会增多，反应链的数目也会增加，反应速度随之加快，这样又会增值更多的游离基，如此循环进展，使反应速度加快到爆炸的等级。

连锁反应速度 v 可用式（2-2）表示：

$$v = \frac{F(c)}{f_s + f_c + A(1 - a)} \tag{2-2}$$

式中　$F(c)$——反应物浓度函数；

　　　f_s——链在器壁上销毁因数；

　　　f_c——链在气相中销毁因数；

　　　A——与反应物浓度有关的函数；

　　　a——链的分支数，在直链反应中 $a = 1$，支链反应中 $a > 1$。

根据链式反应理论，增加气体混合物的温度可使连锁反应的速度加快，使因热运动生成的游离基数量增加。在某一温度下，连锁的分支数超过中断数。这时反应便可以加速并达到混合物自行着火的反应速度，所以可认为气体混合物自行着火的条件是链式反应的分支数大于中断数。当连锁分支数超过中断数时，即使混合物的温度保持不变，仍可导致自行着火。在一定的条件下，如当 $f_s + f_c + A(1 - a) \to 0$，就会发生爆炸。

综上所述，爆炸性混合物发生爆炸有热反应和链式反应两种不同的机理。至于在什么情况下发生热反应，需根据具体情况而定，甚至同一爆炸性混合物在不同条件下有时也会有所不同。

2.2　爆炸极限计算

2.2.1　爆炸反应当量浓度计算

爆炸性混合物中的可燃物质和助燃物质的浓度比例恰好能发生完全的化合反应时，爆炸析出的热量最多，产生的压力也最大，实际的完全反应的浓度稍高于计算的完全反应的浓度。当混合物中可燃物质超过完全反应的浓度时，空气就会不足，可燃物质就不能全部燃尽，于是混合物在爆炸时产生的热量和压力就会随着可燃物质在混合物中浓度的增加而减小；如果可燃物质在混合物中的浓度增加到爆炸上限，那么，其爆炸现象与在爆炸下限时产生的现象大致相同。因此，可燃物质完全反应的浓度也就是理论上完全燃烧时在混合物中该可燃物质的含量。

根据化学反应方程式可以计算可燃气体或蒸气的完全反应浓度。现举例如下：

[**例 2-1**]　求一氧化碳在空气中完全反应的浓度。

[**解**]　写出一氧化碳在空气中燃烧的反应式：

$$2CO + O_2 + 3.76N_2 \Longrightarrow 2CO_2 + 3.76N_2$$

根据反应式得知，参加反应的物质的总体积为 $2+1+3.76=6.76$。若以 6.76 这个总体积为 100 计，则 2 个体积的一氧化碳在总体积中所占的比例为：

$$x = \frac{2}{6.76} = 29.6\%$$

答：一氧化碳在空气中完全反应的浓度为 29.6%。

[**例 2-2**]　求乙炔在氧气中完全反应的浓度。

[**解**]　写出乙炔在氧气中的燃烧反应式：

$$2C_2H_2 + 5O_2 \Longrightarrow 4CO_2 + 2H_2O, \ \Delta_r H_m^{\ominus}$$

根据反应式得知，参加反应物质的总体积为 $2+5=7$。若以 7 这个总体积为 100 计，则 2 个体积的乙炔在总体积中占：

$$x_0 = \frac{2}{7} = 28.6\%$$

答：乙炔在氧气中完全反应的浓度为 28.6%。

可燃气体或蒸气的化学当量浓度，也可用以下方法计算。

可燃气体或蒸气分子式一般用 $C_\alpha H_\beta O_\gamma$ 表示，设燃烧 1mol 气体所必需的氧的物质的量为 n，则燃烧反应式可写成：

$$C_\alpha H_\beta O_\gamma + nO_2 \longrightarrow 生成气体$$

如果把空气中氧气的浓度取为 20.9%，则在空气中可燃气体完全反应的浓度

$x(\%)$一般可用式（2-3）表示：

$$x = \frac{1}{1 + \dfrac{n}{0.209}} = \frac{20.9}{0.209 + n}\%$$ (2-3)

又设在氧气中可燃气体完全反应的浓度为$x_0(\%)$，即：

$$x_0 = \frac{100}{1 + n}\%$$ (2-4)

式（2-3）和式（2-4）表示出x和x_0与n或$2n$之间的关系（$2n$表示反应中氧的原子数）。

在完全燃烧的情况下，燃烧反应式为

$$C_\alpha H_\beta O_\gamma + nO_2 \longrightarrow \alpha CO_2 + \frac{1}{2}\beta H_2O$$ (2-5)

式中 $\qquad 2n = 2\alpha + \dfrac{1}{2}\beta - \gamma$

对于石蜡烃 $\qquad \beta = 2\alpha + 2$

因此， $\qquad 2n = 3\alpha + 1 - \gamma$ (2-6)

根据$2n$的数值，从表2-5中可直接查出可燃气体（或蒸气）在空气（或氧气）中完全反应的浓度。

表 2-5　可燃气体（蒸气）在空气（或氧气）中完全反应的浓度

氧分子数	氧原子数 $2n$	完全反应的浓度/%		可燃物举例
		在空气中 $x = \dfrac{20.9}{0.209+n}$	在氧气中 $x_0 = \dfrac{100}{1+n}$	
1	0.5	45.5	80.0	氧气、一氧化碳
	1.0	29.5	66.7	
	1.5	11.8	57.2	
	2.0	17.3	50.0	
2	2.5	14.3	44.5	甲醇、二硫化碳、甲烷、醋酸
	3.0	12.2	40.0	
	3.5	10.7	36.4	
	4.0	9.5	33.3	
3	4.5	8.5	30.8	乙炔、乙醛、乙烷、乙醇
	5.0	7.7	28.6	
	5.5	7.1	26.7	
	6.0	6.5	25.0	

续表 2-5

氧分子数	氧原子数 $2n$	完全反应的浓度/%		可燃物举例
		在空气中 $x=\dfrac{20.9}{0.209+n}$	在氧气中 $x_0=\dfrac{100}{1+n}$	
4	6.5	6.1	23.5	氯乙烷、乙烷、甲酸乙酯、丙酮
	7.0	5.6	22.2	
	7.5	5.3	21.1	
	8.0	5.0	20.0	
5	8.5	4.7	19.0	丙烯、丙醇、丙烷、乙酸乙酯
	9.0	4.5	18.2	
	9.5	4.2	17.4	
	10.0	4.0	16.7	
6	10.5	3.82	16.0	丁酮、乙醚、丁烯、丁醇
	11.0	3.72	15.4	
	11.5	3.50	14.8	
	12.0	3.36	14.3	
7	12.5	3.23	13.8	丁烷、甲酸丁酯、二氯苯
	13.0	3.10	13.3	
	13.5	3.00	12.9	
	14.0	2.89	12.5	
8	14.5	2.80	12.12	溴苯、氯苯、苯、戊醇、戊烷、乙酸丁酯
	15.0	2.70	11.76	
	15.5	2.62	11.42	
	16.0	2.54	11.10	
9	16.5	2.47	2.20	苯甲醇、甲酚、环己烷、庚烷
	17.0	2.39	2.15	
	17.5	2.33	2.10	
	18.0	2.26	2.05	
10	18.5	2.20	9.76	甲苯胺己烷、丙酸丁酯、甲基环己醇
	19.0	2.15	9.52	
	19.5	2.10	9.30	
	20.0	2.05	9.09	

[例 2-3] 试分别求 H_2、CH_3OH、C_3H_8、C_6H_6 在空气中和氧气中完全反应

的浓度。

[**解**]（1）公式法

$$x(H_2) = \frac{20.9}{0.209 + n} = \frac{20.9}{0.209 + 0.5} = 29.48\%$$

$$x(H_2) = \frac{100}{1 + n} = \frac{100}{1 + 0.5} = 66.7\%$$

$$x(CH_3OH) = \frac{20.9}{20.9 + n} = \frac{20.9}{0.209 + 1.5} = 12.23\%$$

$$x(CH_3OH) = \frac{100}{1 + n} = \frac{100}{1 + 1.5} = 40\%$$

$$x(C_3H_8) = \frac{20.9}{20.9 + n} = \frac{20.9}{0.209 + 5} = 4.01\%$$

$$x(C_3H_8) = \frac{100}{1 + n} = \frac{100}{1 + 5} = 16.7\%$$

$$x(C_6H_6) = \frac{20.9}{20.9 + n} = \frac{20.9}{0.209 + 7.5} = 2.71\%$$

$$x(C_6H_6) = \frac{100}{1 + n} = \frac{100}{1 + 7.5} = 11.8\%$$

（2）查表法。根据可燃物分子式，用公式 $2n = 2\alpha + \frac{1}{2}\beta - \gamma$ 求出其 $2n$ 值，由 $2n$ 数值，直接从表 2-5 中分别查出它们在空气（或氧气）中完全反应的浓度。

由公式 $2n = 2\alpha + \frac{1}{2}\beta - \gamma$ ，依分子式分别求出 $2n$ 值如下：

$$
\begin{array}{ll}
H_2 & 2n = 1 \\
CH_3OH & 2n = 3 \\
C_3H_8 & 2n = 10 \\
C_6H_6 & 2n = 15
\end{array}
$$

由 $2n$ 值直接从表 2-5 中分别查出它们的 x 和 x_0 值：

$$x(H_2) = 29.5\%, \quad x_0(H_2) = 66.7\%$$

$$x(CH_3OH) = 12\%, \quad x_0(CH_3OH) = 40\%$$

$$x(C_3H_8) = 4\%, \quad x_0(C_3H_8) = 16.7\%$$

$$x(C_6H_6) = 2.7\%, \quad x_0(C_6H_6) = 11.76\%$$

2.2.2 爆炸上限和爆炸下限计算

各种可燃气体和可燃液体蒸气的爆炸极限可用专门仪器测定出来，或用经验公式计算。可燃气体和蒸气的爆炸极限有多种计算方法，主要根据完全燃烧反应所需的氧原子数、完全反应的浓度、燃烧热和散热等计算出近似值，或者采用其他的计算方法。爆炸极限的计算值与实验值一般有些出入，其原因是在计算式中只考虑到混合物的组成，而无法考虑其他一系列因素的影响，但仍不失其参考价值。

（1）根据完全燃烧反应所需的氧原子数计算有机物的爆炸下限和上限的体积分数，其经验公式如下。

计算爆炸下限公式：

$$L_x = \frac{100}{4.76(N-1) + 1} \tag{2-7}$$

计算爆炸上限公式：

$$L_s = \frac{4 \times 100}{4.76N + 4} \tag{2-8}$$

式中　　L_x——可燃性混合物爆炸下限，%；

　　　　L_s——可燃性混合物爆炸上限，%；

　　　　N——每摩尔可燃气体完全燃烧所需的氧原子数。

[**例 2-4**]　试求乙烷在空气中的爆炸浓度下限和上限。

[**解**]　写出乙烷的燃烧反应式：

$$2C_2H_6 + 7O_2 \rightleftharpoons 4CO_2 + 6H_2O$$

求 N 值　　　　　　　　$N = 7$

将 N 值分别代入式（2-7）和式（2-8）：

$$L_x = \frac{100}{4.76 \times (7-1) + 1} = \frac{100}{29.56} = 3.38\%$$

$$L_s = \frac{4 \times 100}{4.76 \times 7 + 4} = \frac{400}{37.32} = 10.7\%$$

答：乙烷爆炸下限的体积分数为 3.38%，爆炸上限的体积分数为 10.7%，爆炸极限的体积分数为 3.38% ~ 10.7%。

某些有机物爆炸极限计算值与实验值的比较见表 2-6。从表 2-6 中所列数值可以看出，实验所得的爆炸上限值比计算值大。

表 2-6　石蜡烃的浓度及其爆炸极限体积分数的计算值与实验值的比较

序号	可燃气体	分子式	化学计量浓度		爆炸下限 L_x/%		爆炸上限 L_x/%	
			$2n$	x/%	计算值	实验值	计算值	实验值
1	甲烷	CH_4	4	9.5	5.2	5.0	14.3	15.0
2	乙烷	C_2H_6	7	5.6	3.3	3.0	10.7	12.5
3	丙烷	C_3H_8	10	4.0	2.2	2.1	9.5	9.5
4	丁烷	C_4H_{10}	13	3.1	1.7	1.5	8.5	8.5

续表 2-6

序号	可燃气体	分子式	化学计量浓度		爆炸下限 L_x/%		爆炸上限 L_s/%	
			$2n$	x/%	计算值	实验值	计算值	实验值
5	异丁烷	C_4H_{10}	13	3.1	1.7	1.8	8.5	8.4
6	戊烷	C_5H_{12}	16	2.5	1.4	1.4	7.7	8.0
7	异戊烷	C_5H_{12}	16	2.5	1.4	1.3	7.7	7.6

（2）爆炸性混合气体完全燃烧时的浓度，可以用来确定链烷烃的爆炸下限和上限。计算公式如下：

$$L_x = 0.55x \tag{2-9}$$

$$L_s = 4.8\sqrt{x} \tag{2-10}$$

[**例 2-5**]　试求甲烷在空气中的爆炸浓度下限和上限。

[**解**]　列出燃烧反应式：

$$CH_4 + 2O_2 \longrightarrow CO_2 + 2H_2O$$

从表 2-5 中查出甲烷在空气中完全燃烧的浓度计算公式为：

$$x = \frac{20.9}{0.209 + n}$$

将 1mol 甲烷完全燃烧所需氧的摩尔数 $n=2$ 代入上式得：

$$x = \frac{20.9\%}{0.209 + 2} = 9.45\%$$

将 x 值代入式（2-9）和式（2-10），得：

$$L_x = 0.55 \times 9.45 = 5.2\%$$

$$L_s = 4.8\sqrt{9.45} = 14.7\%$$

答：甲烷的爆炸极限为 5.2% ~ 14.7%。

此计算公式用于链烷烃类，其计算值与实验值比较误差不超过 10%。例如，甲烷爆炸极限的实验值为 5.0% ~ 15%，与计算值非常接近。但用以估算 H_2、C_2H_2 以及含 N_2、CO_2 等可燃气体时，出入较大，不可应用。

2.2.3　多种可燃气体组成混合物的爆炸极限计算

由多种可燃气体组成爆炸性混合气体的爆炸极限，可根据各组分的爆炸极限进行计算。其经验公式如下：

$$L_m = \frac{100}{\dfrac{V_1}{L_1} + \dfrac{V_2}{L_2} + \dfrac{V_3}{L_3} + \cdots} \tag{2-11}$$

式中　　　　L_m——爆炸性混合气的爆炸极限，%；

L_1，L_2，L_3——组成混合气各组分的爆炸极限，%；

V_1，V_2，V_3——各组分在混合气中的浓度，%。

$$V_1 + V_2 + V_3 + \cdots = 100\%$$

例如，某种天然气的组成如下：甲烷 80%、乙烷 15%、丙烷 4%、丁烷 1%。各组分的爆炸下限分别为 5%、3.22%、2.37% 和 1.86%，则该天然气的爆炸下限为：

$$L_x = \frac{100}{\dfrac{80}{5} + \dfrac{15}{3.22} + \dfrac{4}{2.37} + \dfrac{1}{1.86}} = 4.37\%$$

将各组分的爆炸上限代入式 (2-11)，可求出天然气的爆炸上限。

式 (2-11) 用于煤气、水煤气、天然气等混合气爆炸极限的计算比较准确，而对于氢与乙烯、氢与硫化氢、甲烷与硫化氢等混合气及一些含二硫化碳的混合气体，计算的误差较大。

氢气、一氧化碳、甲烷混合气爆炸极限的实测值和计算值列于表 2-7。

表 2-7　氢气、一氧化碳、甲烷混合气体爆炸极限

可燃气体的组成(体积分数)/%			爆炸极限/%		可燃气体的组成(体积分数)/%			爆炸极限/%	
H_2	CO	CH	实测值	计算值	H_2	CO	CH_4	实测值	计算值
00	0	0	4.1~75	—	0	0	100	5.6~15.1	—
5	25	0	4.7~—	4.9~—	25	0	75	417~—	5.1
50	50	0	6.05~71.8	6.2~72.2	50	0	50	6.4~—	4.75~—
25	75	0	8.2~—	8.3~—	75	0	25	4.1~—	4.4~—
0	90	0	10.8~—	10.4~—	90	0	10	4.1~—	4.2~—
0	100	0	12.5~73.0	—	33.3	33.3	33.3	5.7~26.9	6.6~32.4
0	75	25	9.5~—	9.6~—	55	15	30	4.7~—	5.0~—
0	50	50	7.7~22.8	7.75~25.0	48.5	0		—~33.6	—~24.6
0	5	5	6.4~—	6.5~—					

2.2.4　爆炸极限的应用

人们在发现和掌握可燃物质的爆炸极限这一规律之前，认为所有可燃物质都是很危险的，因此防爆条例都比较严格。在认识爆炸极限规律之后，可以将其应用在以下几方面：

第一，区分可燃物质的爆炸危险程度，从而尽可能用爆炸危险性小的物质代替爆炸危险性大的物质。例如，乙炔的爆炸极限为 2.2% ~ 81%；液化石油气组分的爆炸极限分别为丙烷 2.17% ~ 9.5%，丁烷 1.15% ~ 8.4%，丁烯 1.7% ~ 9.6%，它们的爆炸极限范围比乙炔小得多，说明液化石油气的爆炸危险性比乙炔小，因而在气割时推广用液化石油气代替乙炔。

第二，爆炸极限可作为评定和划分可燃物质危险等级的标准。例如，可燃气体按爆炸下限（<10%或≥10%）分为一级、二级两级。

第三，根据爆炸极限选择防爆电机和电器。例如，生产或储存爆炸下限≥10%的可燃气体，可选用任一防爆型电气设备；对爆炸下限<10%的可燃气体，应选用隔爆型电气设备。

第四，确定建筑物的耐火等级、层数和面积等。例如，储存爆炸下限小于10%的物质，库房建筑最高层次限一层，并且必须是一级、二级耐火等级。

第五，在确定安全操作规程以及研究采取各种防爆技术措施——通风、检测、置换、检修等时，也都必须根据可燃气体或液体的爆炸危险性的不同，采取相应的有效措施，以确保安全。

2.3　爆炸温度和爆炸压力

物质的爆炸温度和爆炸压力是衡量爆炸破坏力的两个重要参数。

2.3.1　爆炸温度计算

2.3.1.1　根据反应热计算爆炸温度

理论上的爆炸最高温度可根据反应热计算，见例 2-7。

[**例 2-7**]　求乙醚与空气混合物的爆炸温度。

[**解**]　（1）先列出乙醚在空气中燃烧的反应方程式：

$$C_4H_{10}O + 6O_2 + 22.6N_2 \longrightarrow 4CO_2 + 5H_2O + 22.6N_2$$

式中，氮的摩尔数是按空气中 $N_2 : O_2 = 79 : 21$ 的比例确定。所以 $6O_2$ 对应的 N_2 应为：

$$6 \times 79/21 = 22.6$$

由反应方程式可知，爆炸前的分子数为 29.6，爆炸后为 31.6。

（2）计算燃烧产物的热容。气体平均摩尔定容热容计算式见表 2-8。根据表中所列计算式，燃烧产物各组分的热容为：

N_2 的摩尔定容热容为 $[(4.8+0.00045t) \times 4186.8]$ J/（kmol·℃）；

H_2O 的摩尔定容热容为 $[(4.0+0.00215t) \times 4186.8]$ J/（kmol·℃）；

CO_2 的摩尔定容热容为 $[(9.0+0.0008t) \times 4186.8]$ J/（kmol·℃）。

表 2-8　气体平均摩尔定容热容计算式

气　体	热容/4186. 8J·(kmol·℃)$^{-1}$
单原子气体（Ar，He，金属蒸气等）	4.93
双原子气体（N_2、O_2、H_2、CO、NO 等）	$4.80+0.00045t$
CO_2、SO_2	$9.0+0.00058t$
H_2O、H_2S	$4.0+0.00215t$
所有四原子气体（NH_3 及其他）	$10.00+0.00045t$
所有五原子气体（CH_4 及其他）	$12.00+0.00045t$

燃烧产物的总热容为：

$[22.6 \times (4.8 + 0.00045t) \times 4186.8] + [(564.0 + 0.00215t) \times 4186.8] + (4 \times (9.0 + 0.0058t) \times 4186.8] = [(688.4 + 0.0967t) \times 10^3]J/(kmol \cdot ℃)$

燃烧产物的总热容为 $[(688.4+0.0967t) \times 10^3]$ J/(kmol·℃)。这里的热容是定容热容，符合密闭容器中的爆炸情况。

（3）求爆炸最高温度。已知乙醚的燃烧热为 2.7×10^6 J/mol，2.7×10^9 J/kmol。

因为爆炸速度极快，是在近乎绝热情况下进行的，所以，全部燃烧热可近似地看作用于提高燃烧产物的温度，也就是等于燃烧产物热容与温度的乘积，即：

$$2.7 \times 10^9 = [(688.4 + 0.0967t) \times 10^3] \cdot t$$

解上式得爆炸最高温度 t 为 2826℃。

上面计算是将原始温度视为 0℃。爆炸最高温度非常高，虽然初始温度与正常室温有若干度的差数，但对计算结果的准确性并无显著的影响。

2.3.1.2　根据燃烧反应方程式与气体的内能计算爆炸温度

可燃气体或蒸气的爆炸温度可利用能量守恒定律估算，即根据爆炸后各生成物内能之总和与爆炸前各种物质内能及物质的燃烧热的总和相等的规律进行计算。

用公式可表达为：

$$\sum u^2 = \sum Q + \sum u_1 \tag{2-12}$$

式中　$\sum u^2$——爆炸后产物的内能之总和；

$\sum u_1$——爆炸前物质的内能之总和；

$\sum Q$——燃烧物质的燃烧热之总和。

[例 2-8]　已知一氧化碳在空气中的浓度为 20%，求 CO 与空气混合物的爆炸温度。爆炸混合物的最初温度为 300K。

[解]　通常，空气中氧占 21%、氮占 79%，所以，混合物中氧和氮分别占

氧：$\dfrac{21}{100} \times \dfrac{100 - 20}{100} = 16.8\%$

氮：$\dfrac{79}{100} \times \dfrac{100 - 20}{100} = 63.2\%$

由于气体体积之比等于其摩尔数之比，所以，将体积百分比换算成摩尔数，即 1mol 混合物中应有 0.2mol 一氧化碳、0.168mol 氧和 0.632mol 氮。

从表2-9查得一氧化碳、氧、氮在 300K 时，其摩尔内能分别为 6238.33 J/mol、6238.33J/mol 和 6238.33J/mol，则混合物的摩尔内能为：

$$\sum u_1 = 0.2 \times 238.33 + 0.168 \times 6238.33 + 0.632 \times 6238.33 = 6238.33J$$

表 2-9　不同温度下几种气体和蒸气的摩尔内能　　　（J/mol）

T/K	H_2	O_2	N_2	CO	CO_2	H_2O
200	4061.2	4144.93	4144.93	4144.93	—	—
300	6028.99	6238.33	6238.33	6238.33	6950.09	7494.37
400	8122.39	8373.60	8286.86	8331.73	10048.32	10090.19
600	12309.19	12937.21	12602.86	12631.58	17333.35	15114.35
800	16537.86	17877.64	17082.14	17207.75	25581.35	21227.08
1000	20850.26	23069.27	21855.10	22064.44	34541.10	27549.14
1400	29935.62	33996.82	32029.02	32405.83	53891.04	39439.66
1800	39690.86	45217.44	42705.36	43249.64	74106.36	57359.16
2000	44798.76	51288.30	48273.80	48859.96	84573.36	65732.76
2200	48985.56	57359.16	54009.72	54470.27	95040.36	74106.36
2400	55265.76	63220.68	59452.80	60143.38	105507.36	82898.64
2600	60708.60	69500.88	65314.08	65816.50	116893.04	91690.92
2800	66570.12	75362.40	70756.92	71594.28	127278.72	100901.88
3000	72012.96	81642.60	76618.44	77455.80	138164.40	110112.84
3200	77874.48	88341.48	82479.96	83317.32	149050.08	119742.48

从表 1-11 中查得一氧化碳的燃烧热为 285624J，则 0.2mol 一氧化碳的燃烧热为：

$$0.2 \times 285624 = 57124.8J$$

燃烧后各生成物内能之和应为：

$$\sum u_2 = 6238.33 + 57124.8 = 63363.13J$$

从一氧化碳燃烧反应式 $2CO+O_2 == 2CO_2$ 可以看出，0.2mL 一氧化碳燃烧时，生成 0.2mol 二氧化碳，消耗 0.1mol 氧。1mol 混合物中，原有 0.168mol 氧，燃烧后应剩下 0.168-0.1＝0.068mol 氧，氮的数量不发生变化，则燃烧产物的组成是：

二氧化碳　　　0.2mol

氧　　　　　　0.068mol

氮　　　　　　0.632mol

假定爆炸温度为 2400K，由表 2-9 查得二氧化碳、氧和氮的摩尔内能分别为 105507.36J/mol、63220.68J/mol 和 59452.56J/mol，则燃烧产物的内能为：

$$\sum u_2 = 0.2 \times 105507.36 + 0.068 \times 63220.68 + 0.632 \times 59452.56 = 62947.5J$$

说明爆炸温度高于 2400K，于是再假定爆炸温度为 2600K，则内能之和应为：

$$\sum u_2'' = 0.2 \times 116393.04 + 0.068 \times 69500.88 + 0.632 \times 65314.08 = 69283.17J$$

$\sum u_2''$ 值又大于 $\sum u_2$ 值，因相差不太大，所以准确的爆炸温度可用内插法求得：

$$T = 2400 + \frac{2600 - 2400}{69283.17 - 62947.5}(63363.13 - 62947.5)$$

$$= 2400 + 12 = 2412K$$

以摄氏温度表示为：

$$t = T - 273 = 2412 - 273 = 2139℃$$

2.3.2　爆炸压力计算

可燃性混合物爆炸产生的压力与初始压力、初始温度、浓度、组分以及容器的形状、大小等因素有关。爆炸时产生的最大压力可按压力与温度及摩尔数成正比的规律确定。根据这个规律有下列关系式：

$$\frac{p}{p_0} = \frac{T}{T_0} \times \frac{n}{m} \tag{2-13}$$

式中　p，T，n——爆炸后的最大压力、最高温度和气体摩尔数；

　　　p_0，T_0，m——爆炸前的初始压力、初始温度和气体摩尔数。

由此可以得出爆炸压力计算公式：

$$p = \frac{T_n}{T_0 m}p_0 \tag{2-14}$$

[例 2-9]　设 $p_0 = 0.1MPa$，$T_0 = 27℃$，$T = 2411K$，求一氧化碳与空气混合物的最大爆炸压力。

[解]　当可燃物质的浓度等于或稍高于完全反应的浓度时，爆炸产生的压力最大，所以，计算时应采用完全反应的浓度。

先按一氧化碳的燃烧反应式计算爆炸前后的气体摩尔数：

$$2CO + O_2 + 3.76N_2 = 2CO_2 + 3.76N_2$$

由此可得出　　　　　　　　$m = 6.76$

$$n = 5.76$$

代入式（2-14），得：

$$p = \frac{2411 \times 5.76 \times 0.1}{300 \times 6.76} = 0.69MPa$$

以上计算的爆炸温度与压力都没有考虑热损失，是按理论的空气量计算的，所得的数值都是最大值。

2.4　防爆技术基本理论

2.4.1　可燃物质化学性爆炸的条件

可燃物质的化学性爆炸必须同时具备下列四个条件才能发生：

第一，存在着可燃物质，包括可燃气体、蒸气或粉尘；

第二，可燃物质与空气（或氧气）混合并且达到爆炸极限，形成爆炸性混合物；

第三，爆炸性混合物足够外界能量作用；

第四，在相对密闭的空间内。

对于每一种可燃气体（蒸气）的爆炸性混合物，都有一个引起爆炸的最小点火能量，低于该能量，混合物就不爆炸。例如，引起烷烃爆炸的电火花的最小电流强度分别为：甲烷 0.57A、乙烷 0.45A、丙烷 0.36A、丁烷 0.48A、戊烷 0.55A。最小点火能量的单位通常以 mJ 表示。

2.4.2　燃烧和化学性爆炸的关系

分析和比较燃烧与可燃物质化学性爆炸的条件可以看出，两者都需具备可燃物、氧化剂和火源这三种基本因素。因此，燃烧和化学性爆炸就其本质来说是相同的，都是可燃物质的氧化反应，而它们的主要区别在于氧化反应速度不同。例如，1kg 整块煤完全燃烧时需要 10min，而 1kg 煤气与空气混合发生爆炸时只需 0.2s，两者的燃烧热值都是 2931kJ 左右。

通过以上比较可以清楚地看出，燃烧和爆炸的区别不在于物质所含燃烧热的大小，而在于物质燃烧的速度。燃烧速度（即氧化速度）越快，燃烧热的释放越快，所产生的破坏力也越大。根据功率与做功时间成反比的关系，可以计算出一块含热量 2931kJ 的煤块燃烧时发出的功率为 47807W，含同样热量的煤气爆炸时发出的功率为 $1.47 \times 10^5 kW$。功率大，则做功的本领大，破坏力也就大。

由于燃烧和化学性爆炸的主要区别在于物质的燃烧速度，所以火灾和爆炸发展过程有显著的不同。火灾有初起阶段、发展阶段和衰弱熄灭阶段等过程，造成的损失随着时间的延续而加重，因此，一旦发生火灾，如能尽快地进行补救，即可减少损失。化学性爆炸实质上是瞬间的燃烧，通常在 1s 之内爆炸过程已经完成，由于爆炸威力所造成的人员伤亡设备毁坏和厂房倒塌等巨大损失均发生于顷刻之间，猝不及防，因此爆炸一旦发生，损失已无从减免。

燃烧和化学性爆炸还存在这样的关系，即两者可随条件而转化。同一物质在一种条件下可以燃烧，在另一种条件下不可以爆炸。例如，煤块只能缓慢地燃烧，如果将它磨成煤粉，再与空气混合后就可能爆炸。这就说明了燃烧和化学性爆炸在实质上是相同的。

由于燃烧和化学性爆炸可以随条件而转化，所以，生产过程中发生的这类事故，有些是先爆炸后着火，例如油罐、电石库或乙炔发生器爆炸之后，接着往往是一场大火；而在某些情况下会是先火灾而后爆炸，例如抽空的油槽在着火时，可燃蒸气不断消耗，如果不能及时补充较多的可燃蒸气，则浓度不断下降，当蒸气浓度下降进入爆炸极限范围时，就会发生爆炸。

2.4.3 燃烧和化学性爆炸的感应期

可燃物质的温度在达到自燃点或着火点之后，并不立即发生自燃或着火，其间有段延滞的时间，称为感应期（或诱导期）。

如前所述，可燃物质的自行着火，并不能在图 1-5 中曲线所示自燃点 T_c 时发生，而是在较高的温度 T_c' 才出现。图中的 T_c 至 T_c' 的间隔，即是物质发生自燃之前的延滞时间，以 $t_感$ 表示。感应期的这种现象可以在测定可燃物质的自燃点时观察到。将测定的容器加热到某物质的自燃点，该物质导入后并不立即自行着火，而要经过若干时间后才出现火焰。

可燃物质与火源直接接触而着火时，也存在感应期。但由于火焰的高温，使感应期大大地缩短了，所以一般人不易察觉到着火以前的时间延滞。可燃性混合物的爆炸实质是瞬间燃烧，因此，任何这类爆炸的发生也都有时间上的延滞。可燃物质的燃烧和可燃性混合物的爆炸之所以存在感应期，是因为要使化学反应的活性中心发展到一定的数目需要一定的时间，也就是说，这类燃烧和爆炸都需要经过连续发展过程所必需的一定时间后才能发生。

感应期在安全问题上有着实际意义。例如，煤矿中虽然有甲烷存在，但仍可用无烟火药进行爆破，这就是利用甲烷的感应期。因为甲烷的感应期为 8~9s，而无烟火药的发火时间仅为 2~3s，故可保证安全。

2.4.4 防爆技术基本理论及应用

防止可燃物质化学性爆炸三个基本条件同时存在，就是防爆技术的基本理论。也可以说，防止可燃物质化学性爆炸全部技术措施的实质，就是制止化学性爆炸三个基本条件的同时存在。现代用于生产和生活的可燃物种类繁多，数量庞大，而且生产过程情况复杂，因此，需要根据不同的条件，采取各种相应的防护措施。但从总体来说，预防爆炸的技术措施，都是在防爆技术基本理论指导下采取的。

首先，在消除可燃物这一基本条件方面，通常采取防止可燃物（可燃气体、蒸气和粉尘）泄漏的措施，即防止"跑、冒、滴、漏"。这是化工、炼油、制药、化肥、农药和其他使用可燃物质的工矿企业，甚至居民住宅所必须采取的重要技术措施。又如，某些遇水能产生可燃气体的物质［如碳化钙遇水产生乙炔气，$CaC_2+2H_2O=CH_2+Ca(OH)_2$，$\Delta_r H_m^{\ominus}$］，则必须采取严格的防潮措施，这是电石库为防止爆炸事故而采取一系列防潮技术措施的理论依据。凡是在生产中可能产生可燃气体、蒸气和粉尘的厂房必须通风良好。

其次，为消除可燃物与空气（或氧气）混合形成爆炸性混合物，通常采取防止空气进入容器设备和燃料管道系统的正压操作、设备密闭、惰性介质保护以及测爆仪等技术措施。

最后，控制火源，例如采用防爆电动机、电器、静电防护，采用不产生火花的铜制工具或铍铜合金工具，严禁明火，采取保护性接地或接零以及防雷技术措施等。

2.5 防爆基本技术措施

2.5.1 爆炸发展过程与预防基本原则

2.5.1.1 爆炸发展过程的特点

可燃性混合物的爆炸虽然发生在顷刻之间，但它还是有下列的发展过程：

（1）可燃物（可燃气体、蒸气或粉尘）与空气或氧气的相互扩散、均匀混合，形成爆炸性混合物；

（2）爆炸性混合物遇着火源，爆炸开始；

（3）由于连锁反应过程的发展，爆炸范围扩大和爆炸威力升级；

（4）最后完成化学反应，爆炸威力造成灾害性破坏。

2.5.1.2 预防爆炸的基本原则

防爆的基本原则是根据对爆炸过程特点的分析，采取相应措施，防止第一过程的出现，控制第二过程的发展，削弱第三过程的危害。其基本原则有以下几点：

（1）检测报警；

（2）防止爆炸性混合物的形成；

（3）严格控制火源；

（4）燃爆开始就及时泄出压力；

（5）切断爆炸传播途径；

（6）减弱爆炸压力和冲击波对人员、设备和建筑的损坏。

2.5.2 预防形成爆炸性混合物

在生产过程中，应根据可燃易爆物质的燃烧爆炸特性，以及生产工艺和设备的条件，采取有效的措施，预防在设备和系统里或在其周围形成爆炸性混合物。这类措施主要有设备密闭、厂房通风、惰性介质保护、以不燃溶剂代替可燃溶剂、危险物品隔离储存、妥善处理含有危险成分的"三废"物质等。

2.5.2.1 设备密闭和正压操作

装盛可燃易爆介质的设备和管路，如果气密性不好，就会由于介质的流动性和扩散性，造成"跑、冒、滴、漏"现象，逸出的可燃易爆物质可使设备和管路周围空间形成爆炸性混合物。同样的道理，当设备或系统处于负压状态时，空气就会渗入，使设备或系统内部形成爆炸性混合物。设备密闭不良是发生火灾和爆炸事故的主要原因之一。

容易发生可燃易爆物质泄漏的部位主要有设备的转轴与壳体或墙体的密封处，设备的各种孔（人孔、手孔、清扫孔）盖及封头盖与主体的连接处，以及设备与管道、管件的各个连接处等。

为保证设备和系统的密闭性，在验收新的设备时，在设备修理之后及在使用过程中，必须根据压力计的读数用水压试验来检查其密闭性，测定其是否漏气并进行气体分析。此外，可于接缝处涂抹肥皂液进行充气检验。为了检查无味气体（氧、甲烷等）是否漏出，可在其中加入显味剂（硫醇、氨等）。

当设备内部充满易燃物质时，要采用正压操作，以防外部空气渗入设备内。设备内的压力必须加以控制，不能高于或低于额定的数值。压力过高，轻则渗漏加剧，重则破裂而致大量可燃物质排出；压力太低也不好，如煤气导管中的压力应略高于大气压，若压力降低，就有渗入空气、发生爆炸的可能。通常可设置压力报警器，在设备内压力失常时及时报警。

对爆炸危险度大的可燃气体（如乙炔、氢气等）以及危险设备和系统，在连接处应尽量采用焊接联接，减少法兰联接。

2.5.2.2 厂房通风

要使设备达到绝对密闭是很难办到的，总会有一些可燃气体、蒸气或粉尘从设备系统中泄漏出来，而且生产过程中某些工艺（如喷漆）有时也会挥发出可燃性物质。因此，必须用通风的方法使可燃气体、蒸气或粉尘的浓度不致达到危险的程度，一般应控制在爆炸下限的 1/5 以下，如果挥发物既有爆炸性又对人体有害，其浓度应同时控制到满足《工业企业设计卫生标准》的要求。

在设计通风系统时，应考虑到气体的相对密度。某些比空气重的可燃气体或蒸气，即使是少量物质，如果在地沟等低洼地带积聚，也可能达到爆炸极限，此时，车间或库房的下部亦应设通风口，使可燃易爆物质及时排出。从车间排出含有可燃物质的空气时，应设置防爆的通风系统，鼓风机的叶片应采用撞击时不会产生火花的材料制造。通风管内应设有防火遮板，使一处失火时能迅速遮断管路，避免波及他处。

2.5.2.3　惰性气体保护

当可燃性物质可能与空气或氧气接触时，向混合物中送入氮、二氧化碳、水蒸气、烟道气等惰性气体（或称阻燃性气体），有很大的实际意义。这些阻燃性气体在通常条件下化学活泼性差，没有燃烧爆炸危险。

向可燃气体、蒸气或粉尘与空气的混合物中加入惰性气体，可以达到两种效果：一是缩小甚至消除爆炸极限范围；二是将混合物冲淡。例如，易燃固体物质的压碎、研磨、筛分、混合以及粉状物料的输送，可以在惰性气体的覆盖下进行；当厂房内充满可燃性物质而具有危险时（如发生事故使车间、库房充满有爆炸危险的气体或蒸气），应向这一地区放送大量惰性气体加以冲淡；在生产条件允许的情况下，可燃混合物在处理过程中亦应加入惰性气体作为保护气体；还有用惰性介质充填非防爆电气、仪表；在停车检修或开工生产前，用惰性气体吹扫设备系统内的可燃物质等。总之，合理利用惰性气体，对防火与防爆有很大的实际作用。生产上目前使用的惰性气体有氮、二氧化碳和水蒸气。采用烟道气时应经过冷却，并除去氧及残余的可燃组分。氮气等惰性气体在使用前应经过气体分析，其中含氧量不得超过 2%。

惰性气体的需用量取决于混合物中允许的最高含氧量（氧限值），亦即在确定惰性气体的需用量时，一般并不是根据惰性气体的浓度达到哪一数值时可以遏止爆炸，而是根据加入惰性气体后，确定氧的浓度降到哪一数值时爆炸可不发生。可燃物质与空气的混合物中加入氮或二氧化碳，成为无爆炸性混合物时氧的浓度见表 2-10。

表 2-10　可燃混合物不发生爆炸时氧的最高含量

可燃物质	氧的最大安全浓度/%		可燃物质	氧的最大安全浓度/%	
	CO_2 稀释剂	N_2 稀释剂		CO_2 稀释剂	N_2 稀释剂
甲烷	14.6	12.1	丁二烯	13.9	10.4
乙烷	13.4	11.0	氢	5.9	5.0
丙烷	14.3	11.4	一氧化碳	5.9	5.6

可燃物质	氧的最大安全浓度/%		可燃物质	氧的最大安全浓度/%	
	CO_2 稀释剂	N_2 稀释剂		CO_2 稀释剂	N_2 稀释剂
丁烷	14.5	12.1	丙酮	15	13.5
戊烷	14.4	12.1	苯	13.9	11.2
己烷	14.5	11.9	煤粉	16	
汽油	14.1	11.6	麦粉	12	
乙烯	11.7	10.6	硬橡胶粉	13	
丙烯	14.1	11.5	硫	11	

惰性气体的需用量可根据表 2-10 中的数值用下列公式计算：

$$X = \frac{21 - \rho}{\rho} V \qquad (2\text{-}15)$$

式中 X——惰性气体的需用量，L；

   ρ——从表中查得的最高含氧量，%；

   V——设备内原有空气容积（即空气总量，其中氧占 21%）。

例如，假若氧的最高含量为 12%，设备内原有空气容积为 100L，则 $X = \frac{21 - 12}{12} \times 100 = 75L$。这就是说，必须向空气容积为 100L 的设备输入 75L 的惰性气体，然后才能进行操作。而且在操作中每输入或渗入 100L 的空气，必须同时引入 75L 的惰性气体，才能保证安全。

必须指出，以上计算的惰性气体是不含有氧和其他可燃物的，如使用的惰性气体含有部分氧。则惰性气体的用量用式（2-16）计算：

$$x = \left(\frac{21 - \rho_0}{\rho_0 - \rho_0'} \right) V \qquad (2\text{-}16)$$

式中，ρ_0' 为惰性气体中的含氧量，%

在前述条件下，若所加入的惰性气体中含氧 6%，则：

$$x = \left(\frac{21 - 12}{12 - 6} \right) \times 100 = 150L$$

在向有爆炸危险的气体或蒸气中加入惰性气体时，应避免惰性气体的漏失以及空气渗入其中。

[例 2-10] 某新置苯储罐，$V = 200m^3$，使用前需充入多少氮气（氮气中含氧 1%）才能保证安全？

[解] 由表 2-10 查得：

$$\rho_0 = 11.2$$

$$\rho'_0 = 1$$

所需氮气容积为：

$$x = \left(\frac{21 - \rho_0}{\rho_0 - \rho'_0}\right) V = \frac{21 - 11.2}{11.2 - 1} \times 200 = 192 \text{m}^3$$

答：必须充入氮气 192m³ 才能保证安全。

2.5.2.4 以不燃溶剂代替可燃溶剂

以不燃或难燃的材料代替可燃或易燃材料，是防火与防爆的根本性措施。因此，在满足生产工艺要求的条件下，应当尽可能地用不燃溶剂或火灾危险性较小的物质代替易燃溶剂或火灾危险性较大的物质，这样可防止形成爆炸性混合物，为生产创造更为安全的条件。常用的不燃溶剂主要有甲烷和乙烷的氯衍生物，如四氯化碳、三氯甲烷和三氯乙烷等。使用汽油、丙酮、乙醇等易燃溶剂的生产工艺，可以用四氯化碳、三氯乙烷或丁醇、氯苯等不燃溶剂或危险性较低的溶剂代替。又如四氯化碳可用来代替溶解脂肪、沥青、橡胶等所采用的易燃溶剂。但这类不燃溶剂具有毒性，在发生火灾时它们能分解放出光气，因此应采取相应的安全措施。例如，为避免泄漏，必须保证设备的气密性，严格控制室内的蒸气浓度，使之不得超过卫生标准规定的浓度等。

评价生产中所使用溶剂的火灾危险性时，饱和蒸气压和沸点是很重要的参数。饱和蒸气压越高，蒸发速度越快，闪点越低，则火灾危险性越大。沸点较高（例如沸点在 110℃ 以上）的液体，在常温（18~20℃）时挥发出来的蒸气是不会达到爆炸危险浓度的。危险性较小的液体的沸点和蒸气压见表 2-11。

表 2-11 危险性较小的物质的沸点及蒸气压

物质名称	沸点/℃	20℃时的蒸汽压/Pa	物质名称	沸点/℃	20℃时的蒸汽压/Pa
戊醇	130	267	乙二醇	126	1067
丁醇	114	534	氯苯	130	1200
醋酸戊酯	130	800	二甲萘	135	1333

2.5.2.5 危险物品的储存

性质相互抵触的危险化学物品如果储存不当，往往会酿成严重的事故。例如，无机酸本身不可燃，但与可燃物质相遇能引起着火及爆炸；氯酸盐与可燃的金属相混时能使金属着火或爆炸；松节油、磷及金属粉末在卤素中能自行着火等。由于各种危险化学品的性质不同，因此，它们的储存条件也不相同。为防止不同性质物品在储存中互相接触而引起火灾和爆炸事故，应了解各种化学危险品混存的危险性及储存原则（表 2-12、表 2-13 和表 2-14）。

表 2-12 接触或混合后能引起燃烧的物质

序号	接触或混合后能引起燃烧的物质	序号	接触或混合后能引起燃烧的物质
1	溴与磷、锌粉、镁粉	5	高温金属磨屑与油性织物
2	浓硫酸，浓硝酸与木材，织物等	6	过氧化钠与醋酸、甲醇，丙酮，乙二醇等
3	铝粉与氯仿	7	硝酸铵与亚硝酸钠
4	王水与有机物		

表 2-13 形成爆炸混合物的物质

序号	形成爆炸混合物的物质
1	氯酸盐、硝酸盐与磷、硫、镁、铝、锌等易燃固体粉末以及酯类等有机物
2	过氯酸或其盐类与乙醇等有机物
3	过氯酸盐或氯酸盐与硫酸
4	过氧化物与镁、锌、铝等粉末
5	过氧化二苯甲酰和氯仿等有机物
6	过氧化氢与丙酮
7	次氯酸钙与有机物
8	氢与氟、臭氧、氧、氧化亚氮，氯
9	氨与氯、碘
10	氯与氮、乙炔与氯、乙炔与 2 倍容积的氯、甲烷与氯等加上日光
11	三乙基铝、钾、钠、碳化铀
12	氯酸盐与硫化物
13	硝酸钾与醋酸钠
14	氟化钾与硝酸盐，氯酸盐、氯、高氯酸盐共热时
15	硝酸盐与氯化亚锡
16	液态空气、液态氧与有机物
17	重铬酸铵与有机物
18	联苯胺与漂白粉（135℃时）
19	松脂与碘、醚、氯化氮及氟化氮
20	氟化氨与松节油，橡胶，油脂、磷、氨、硒
21	环戊二烯与硫酸，硝酸
22	虫胶（40%）与乙醇（60%）在 140℃时
23	乙炔与铜、银、汞盐
24	二氧化氮与很多有机物的蒸气
25	硝酸铵，硝酸钾，硝酸钠与有机物
26	高氯酸钾与可燃物
27	黄磷与氧化剂
28	氯酸钾与有机可燃物
29	硝酸与二硫化碳，松节油，乙醇及其他物质
30	氯酸钠与硫酸，硝酸
31	氯与氢（见光时）

表 2-14 禁止一起储存的物品

组别	物品名称	不准一起储存的物品种类	备 注
1	爆炸物品： 苦味酸、TNT、火棉、硝化甘油、硝酸铵炸药、雷汞等	不准与任何其他种类的物品共储，必须单独隔离储存	起爆炸药，如雷管等，与炸药必须隔离储存
2	易燃液体： 汽油、苯、二硫化碳、丙酮、乙醚、甲苯、酒精醇类、硝基漆、煤油	不准与其他种类物品共同储存	如数量甚少，允许与固体易燃物品隔开后储存
3	易燃气体： 乙炔、氢、氯甲烷、硫化氢、氨等	除惰性不燃气体外，不准和其他种类的物品共储	
	惰性气体： 氮、二氧化碳、二氧化硫、氟利昂等	除易燃气体，助燃气体，氧化剂和有毒物品外，不准和其他种类物品共储	
	助燃气体： 氧、氟、氯等	除惰性不燃气体和有毒物品外，不准和其他物品共储	氯兼有毒害性
4	遇水或空气能自燃的物品： 钾、钠、电石、磷化钙、锌粉、铝粉、黄磷等	不准与其他种类的物品共储	钾、钠需浸入石油中，黄磷浸入水中，均单独储存
5	易燃固体：赛璐珞、胶片、赤磷、萘、樟脑、硫黄、火柴等	不准与其他种类的物品共储	赛璐珞、胶片、火柴均需单独隔离储存
6	氧化剂：能形成爆炸混合物的氯酸钾，氯酸钠，硝酸钾，硝酸钠、硝酸钡，次氯酸钙、亚硝酸钠、过氧化钡，过氧化钠，过氧化氢（30%）等	除惰性气体外，不准和其他类的物品共储	过氧化物遇水有发热爆炸的危险，应单独储存。过氧化氢应储存于阴凉处所
	能引起燃烧的物品：溴、硝酸、铬酸、高锰酸钾、重铬酸钾	不准和其他种类物品共储	与氧化剂亦应隔离
7	有毒物品：光气，氰化钾，氢化钠等	除惰性气体外，不准与其他类的物品共储	

2.5.3 消除着火源

消除着火源是预防爆炸事故的基本技术措施，其主要内容与防火基本措施相同，详见第 1.5 节。

2.5.4　测爆仪

爆炸事故是在具备一定的可燃气体、氧气和火源这三要素的条件下出现的。其中可燃气体的偶然泄漏和积聚程度，是现场爆炸危险性的主要监测指标，相应的测爆仪和报警器便是监测现场爆炸性气体泄漏危险程度的重要工具。

厂矿常用的可燃气体测量仪表的原理有热催化、热导、气敏和光干涉四种：

（1）热催化原理。热催化检测原理如图 2-2 所示。在检测元件 R_1 作用下，可燃气发生氧化反应，释放出燃烧热，其大小与可燃气浓度成比例。检测元件通常用铂丝制成。气样进入工作室后在检测元件上放出燃烧热，由灵敏电流计 P 指示出气样的相对浓度，这种仪表的满刻度值通常等于可燃气的爆炸下限。

（2）热导原理。利用被测气体的导热性与纯净空气的导热性的差异，把可燃气体的浓度转换为加热丝温度和电阻的变化，在电阻温度计上反映出来。其检测原理与热催化原理的电路相同。

（3）气敏原理。气敏半导体检测元件吸附可燃性气体后，电阻大大下降（可由 $50k\Omega$ 下降到 $10k\Omega$ 左右），与检测元件串联的微安表可给出气样浓度的指示值，检测电路如图 2-3 所示。图中 VG 为气敏检测元件，由电源 E_1 加热到 $200\sim300℃$。气样经扩散到达检测元件，引起检测元件电阻下降，与气样浓度对应的信号电流在微安表 PA 上指示出来。E_2 是测量检测元件电阻用的电源。

图 2-2　热催化原理　　　　　　　　　图 2-3　气敏检测电路图

（4）光干涉原理。一束由固定光源发出的光，经分光镜反射和折射后，形成两束光，分别通过空气室和待测气体气室后，再汇集于目镜系统。这两束光由于光程差必会产生干涉条纹。由于经过不同气室时气体密度不同，于是干涉条纹产生移位，移位大小与待测气体浓度成比例关系。所以通过干涉条纹的移位距离就可以测出待测气体的浓度。

2.5.5 防爆安全装置

防火与防爆安全装置主要有阻火装置、泄压装置和指示装置等。

2.5.5.1 阻火装置

阻火装置的作用是防止火焰窜入设备、容器与管道内，或阻止火焰在设备和管道内扩展。在可燃气体进出口两侧之间设置阻火介质，当任一侧着火时，火焰的传播被阻而不会烧向另一侧。常用的阻火装置有安全水封、阻火器和单向阀。

（1）安全液封。这类阻火装置以液体作为阻火介质。目前广泛使用安全水封，它以水作为阻火介质，一般装置在气体管线与生产设备之间。常用的安全水封有开敞式和封闭式两种。

1）开敞式安全水封。其构造和工作原理如图 2-4 所示，它由罐体 1 和两根管子——进气管 2 和安全管 3 组成，管 3 比管 2 短些，插入液面较浅。正常工作状态时，可燃气体经进气管 2 进入罐内，再从出气管 5 逸出，此时安全管里的水柱与罐内气体压力平衡。发生火焰倒燃时，由于进气管插入液面较深，安全管首先离开水面，火焰被水所阻而不会进入另一侧。

图 2-5 所示为安全管与进气管同心安置的开敞式安全水封，它的结构比较紧凑，其工作原理与上述安全水封相同。图中水位计用以观察罐内的水量是否符合要求；分气板 7 可减少进气时引起水的剧烈搅动，避免形成水泡；分水板 4 促使气水分离，避免可燃气出气时带水过多。

图 2-4　开敞式安全水封示意图
1—罐体；2—进气管；3—安全管；
4—水位截门；5—出气管

开敞式安全水封适用于压力较低的燃气系统。

2）封闭式安全水封。正常工作时，可燃气体由进气管流入，经逆止阀、分气板、分水板和分水管（减少乙炔带水现象）从出气管输出。发生火焰倒燃时，罐内压力增高，压迫水面，并通过水层使逆止阀作瞬时关闭，进气管暂停供气；同时，倒燃的火焰和气体将罐体顶部的爆破片冲破，散发到大气中。由于水层也起着隔火作用，因此能比较有效地防止火焰进入另一侧。

逆止阀在火焰倒燃过程中只能暂时切断可燃气气源，所以，在发生倒燃后，必须关闭可燃气总阀，更换爆破片后才能继续使用。

封闭式水封适用于压力较高的燃气系统。

图 2-5　安全管与进气管同心安置的开敞式安全水封

1—水位计；2—进气管；3—出气管；4—分水板；5—水封安全管；6—罐体；7—分气板

3）使用安全要求。

①使用安全水封时，应随时注意水位不得低于水位计（或水位截门）所标定的位置；但水位也不应过高，否则除了可燃气体通过困难外，水还可能随可燃气体一道进入出气管。每次发生火焰倒燃后，应随时检查水位并补足。安全水封应保持垂直位置。

②冬季使用安全水封时，在工作完毕后应把水全部排出、洗净，以免冻结。如发现冻结现象，只能用热水或蒸汽加热解冻，严禁用明火或红铁烘烤。为了防冻，可以在水中加少量食盐以降低冰点（溶液内含食盐量为 13.6% 时，冰点为 −10.4℃；22.4% 时，为 −21.2℃）。

③使用封闭式安全水封时，由于可燃气体（尤其是碳氢化合物）中可能带有黏性油质的杂质，使用一段时间后容易糊在阀和阀座等处，所以需要经常检查逆止阀的气密性。

（2）阻火器。阻火器的介质有细孔铜网、粉末冶金片、陶瓷、砾石等，根据燃烧的链式反应理论，其工作原理是当阻火器的一侧发生着火时，由于游离基通过阻火器的微孔，因碰撞而使大量游离基销毁造成链的中断速度大于链的增长速度，使燃烧停止，从而阻止火焰的蔓延，保护另一侧的安全。

影响阻火器性能的因素是阻火层的厚度及其孔隙直径和通道的大小。某些气体和蒸汽阻火器孔隙的临界直径如下：甲烷 0.4 ~ 0.5mm，氢及乙炔 0.1 ~ 0.2mm，汽油及天然石油气 0.1 ~ 0.2mm。

金属网阻火器如图 2-6 所示，是用若干具有一定孔径的金属网把空间分隔成许多小孔隙。对于一般有机溶剂采用 4 层金属网已可阻止火焰扩展，通常采用 6~12 层。砾石阻火器是用砂粒、卵石、玻璃球或铁屑、铜屑等作为填充材料，这些阻火介质使阻火器内的空间被分隔成许多非直线性小孔隙，当可燃气体发生倒燃时，这些非直线性微孔能有效地阻止火焰的蔓延，其阻止效果比金属网阻火器更好。阻火器的内径与内壳长度和管道直径的关系见表 2-15。阻火介质可采用 3~4mm 直径的砾石，也可用小型金属环、陶土环或玻璃球等。

图 2-6　金属网阻火器

1—阀体；2—金属网；3—上盖；4—进口；5—出口

表 2-15　阻火器的内径和外壳长度与管道直径的关系

管道直径		阻火器内径		阻火器外壳长度/mm	
mm	英寸	mm	英寸	波纹金属片式	砾石式
12	$\frac{1}{2}$	50	2	100	200
20	$\frac{3}{4}$	75	3	130	230
25	1	100	4	150	250
38	$1\frac{1}{2}$	150	6	200	300
50	2	200	8	250	350
65	$2\frac{1}{2}$	250	10	300	400
75	3	300	12	350	450
100	4	400	16	450	500

（3）单向阀，单向阀亦称逆止阀。其作用是仅允许可燃气体或液体向一个方向流动，遇有倒流时即自行关闭，从而避免在燃气或燃油系统中发生液体倒

98

流，或高压蹿入低压造成容器管道的爆裂，或发生回火时火焰的倒袭和蔓延等事故。

在工业生产上，通常在系统中流体的进口与出口之间，与燃气或燃油管道及设备相连接的辅助管线上，高压与低压系统之间的低压系统上，或压缩机与油泵的出口管线上安置单向阀。

2.5.5.2　泄压装置

泄压装置包括安全阀和爆破片。

（1）安全阀。安全阀的作用是为了防止设备和容器内压力过高而爆炸，包括防止物理性爆炸（如锅炉、蒸馏塔的爆炸）和化学性爆炸（如乙炔发生器的乙炔受压分解爆炸）。当容器和设备内的压力升高超过安全规定的限度时，安全阀即自动开启，泄出部分介质，降低压力至安全范围内再自动关闭，从而实现设备和容器内压力的自动控制，防止设备和容器的破裂爆炸。安全阀在泄出气体或蒸气时，产生动力声响，还可起到报警的作用。

安全阀按其结构和作用原理分为静重式、杠杆式和弹簧式等。目前多用弹簧式安全阀，其结构如图 2-7所示。它由弹簧 1、阀杆 2、阀芯 3、阀体 4 和调节螺栓 5 等组成。弹簧式安全阀是利用气体压力与弹簧压力之间的压力差变化，来达到自动开启或关闭的要求。弹簧的压力由调节栓来调节，这种安全阀有结构紧凑、轻便和灵敏可靠等优点。

为使安全阀经常保持灵敏有效，应定期做排气试验，防止排气管、阀体及弹簧等被气流中的灰渣、黏性杂质及其他物料堵塞黏结；应经常检查是否有漏气或不停地排气等现象，并及时检修。安全阀漏气的原因一般是密封面被腐蚀或磨损而产生凹坑沟痕，阀芯与阀座的同心度由于安装不正确或其他原因而被破坏，以及装配质量不好等。

图 2-7　弹簧式安全阀
1—弹簧；2—阀杆；3—阀芯；
4—阀体；5—调节螺栓

设置安全阀时应注意下列几点。

1）压力容器的安全阀最好直接装设在容器本体上。液化气体容器上的安全阀应安装于气相部分，防止排出液态物料，发生事故。

2）如安全阀用于排泄可燃气体，直接排入大气，就必须将其引致远离明火或易燃物，而且通风良好的地方；排放管必须逐段用导线接地以消除静电的作用。如果可燃气体的温度高于其自燃点，应考虑防火措施或将气体冷却后再排入大气。

3）安全阀用于泄放可燃气体时，宜将排泄管接入事故储槽、污油罐或其他容器；用于泄放高温油气或易燃、可燃液体等遇空气可能立即着火的物质时，宜接入密闭系统的放空塔或事故储槽。

4）室内的设备（如蒸馏塔、可燃气体压缩机的安全阀、放空口）宜引出房顶，并高于房顶2m以上。

（2）爆破片。爆破片又称防爆膜、泄压膜，是一种断裂型的安全泄压装置。它的一个重要作用是当设备发生化学性爆炸时，保护设备免遭破坏。其工作原理是根据爆炸过程的特点，在设备和容器的适当部分设置一定大小面积的脆性材料（如铝箔片等），构成薄弱环节。当爆炸刚发生时，这些薄弱环节在较小的爆炸压力作用下，首先遭受破坏，立即将大量气体和热量释放出去，爆炸压力也就很难再继续升高，从而保护设备或容器的主体免遭更大损坏，使在场的生产人员不致遭受致命的伤害。

爆破片的另一个作用是，如果压力容器的介质不洁净、易于结晶或聚合，这些杂质或结晶体有可能堵塞安全阀，使得阀门不能按规定的压力开启，失去了安全阀泄压作用，在此情况下就得用爆破片作为泄压装置。

此外，对于工作介质为剧毒气体或在可燃气体（蒸气）里含有剧毒气体的压力容器，其泄压装置也应采用爆破片，而不宜用安全阀，以免污染环境。因为对于安全阀来说，微量的泄漏是难免的。

爆破片的安全可靠性取决于爆破片的厚度、泄压面积和膜片材料的选择。

设备或容器运行时，爆破片需长期承受工作压力、温度或腐蚀，还要保证设备的气密性，而且遇到爆炸增压时必须立即破裂。这就要求泄压膜材料要有一定的强度以承受工作压力；有良好的耐热、耐腐蚀性；同时还应具有脆性，当受到爆炸波冲击时，易于破裂；要尽可能地薄，但气密性要好。爆破片的材料有石棉板、塑料、铅、铜、橡皮、碳钢、不锈钢等，应根据不同设备的工作介质、压力、温度等技术参数，合理选择。

爆破片应有足够的泄压面积，以保证膜片破裂时能及时泄放容器内的压力，防止压力继续迅速增加而导致容器发生爆炸。一般按$1m^3$容积取$0.035 \sim 0.18m^2$，但对氢和乙炔的设备则应大于$0.4m^2$。

爆破片的厚度可按式（2-17）计算：

$$\delta = \frac{pD}{K} \tag{2-17}$$

式中　δ——爆破片厚度，mm；

　　　p——设计的爆破压力，Pa；

　　　D——泄压孔直径，mm；

　　　K——应力系数，根据不同材料选择，

　　铝：$2.4 \times 10^3 \sim 2.9 \times 10^3$（温度<100℃），

铜：$7.7×10^3 \sim 8.8×10^3$（温度<200℃）。

当材料完全退火，膜片厚度较薄时，K 值取下限值。

安装于室内的设备，其工作介质为可燃易爆物质或含有剧毒物质时，应在爆破片上接装导爆筒，并使其通向室外安全地点，以防止爆破片破裂后大量可燃易爆物质和剧毒物质在室内扩散，扩大火灾爆炸和中毒事故。设备的工作介质具有腐蚀性时，应在膜片上涂上聚四氟乙烯防腐剂。

对于泄压孔直径较大的爆破片，当厚度很薄时，往往会有鼓包现象。为避免采用过薄的爆破片，可在爆破片上刻划刀痕或滚花。加工后的爆破片，强度会发生变化，其爆破压力可按下式计算。

铜：$\qquad\qquad \delta = 0.226 × 0.001pD$

铝：$\qquad\qquad \delta = 0.79 × 0.001pD$

式中，δ 为加工后的爆破片的剩余厚度，cm。

应当指出，爆破片的可靠性必须经过爆破试验鉴定。铸铁爆破片破裂时，会发生火花，因此采用铝片或铜片比较安全。

凡有重大爆炸危险性的设备、容器及管道，都应安装爆破片（例如气体氧化塔、球磨机，进焦煤炉的气体管道、乙炔发生器等）。

2.5.5.3　指示装置

用于指示系统的压力温度和水位的装置为指示装置。它使操作者能随时观察了解系统的状态，以便及时加以控制和妥善处理。常用的指示装置有压力表、温度计和水位计（或水位龙头）。图 2-8 所示为弹簧管式压力表，当气体流入弹簧

图 2-8　弹簧管式压力表

1—弹簧弯管；2—支座；3—表壳；4—接头；5—游丝；

6—阀杆；7—扇形齿轮；8—小齿

弯管时，由于内压作用，使弯管向外伸展，发生角位变形，通过阀杆6和扇形齿轮7带动小齿轮8转动。小齿轮轴上装有指针，指示设备或系统内介质的压力。

压力表的使用应注意下列几点。

（1）应经常注意检查指针转动与波动是否正常，如发现有指示不正常的现象时，应立即停止使用，并报请维修。

（2）压力表应保持洁净，表盘上的玻璃明亮清晰，指针所指示的压力值清楚易见。安全检查的情况表明，许多单位的压力表没有达到这一要求，有的表盘刻度模糊不清，有的表盘上没有指针，失去了压力表的作用。

（3）压力表的连接管要定期吹洗，防止堵塞。

（4）压力表应定期校验。

2.5.5.4　抑爆装置

抑爆装置由爆压波探测器、信号放大器和抑爆剂发射器组成，如图2-9（a）所示，其抑制效果如图2-9（b）所示。

(a)

(b)

图2-9　爆炸抑制装置及其抑制效果

3 可燃易爆危险化学品燃爆特性

3.1 可 燃 气 体

凡是遇火、受热或与氧化剂接触能着火或爆炸的气体，统称为可燃气体。

3.1.1 气体燃烧形式和分类

气体的燃烧与液体和固体的燃烧不同，它不需要经过蒸发、熔化等过程，气体在正常状态下就具备了燃烧条件，所以比液体和固体都容易燃烧。

3.1.1.1 燃烧形式

气体的燃烧有扩散燃烧和动力燃烧两种形式。

（1）如果可燃气体与空气的混合是在燃烧过程中进行的，则发生稳定的燃烧，称为扩散燃烧。如图 3-1 所示的火炬燃烧，火焰的明亮层是扩散区，可燃气体和氧是分别从火焰中心（燃料锥）和空气扩散到达扩散区的。这种火焰的燃烧速度很低，一般小于 0.5m/s。由于可燃气体与空气是逐渐混合并逐渐燃烧消耗掉，因而形成稳定的燃烧，只要控制得好，就不会造成火灾。除火炬燃烧外，气焊的火焰、燃气加热等也属于这类扩散燃烧。

（2）如果可燃气体与空气是在燃烧之前按一定比例均匀混合的，形成预混气，遇火源则发生爆炸式燃烧，称为动力燃烧，如图 3-2 所示。在预混气的空间里充满了可以燃烧的混合气，一处点火，整个空间立即燃烧起来，发生瞬间的燃烧，即爆炸现象。

图 3-1 扩散火焰结构示意图

图 3-2 预混气爆炸示意图

此外，如果可燃气体处于压力下而受冲击、摩擦或其他着火源的作用，则发生喷流式燃烧，如气井的井喷火灾、高压气体从燃气系统喷射出来时的燃烧等。这种喷流燃烧形式的火灾较难扑救，需较多救火力量和灭火剂，应当设法断绝气源，使火灾彻底熄灭。

3.1.1.2　分类

可燃气体与空气（或氧气）必须在一定的浓度范围内均匀混合，形成预混气，遇着火源才会发生爆炸，这个浓度范围称为爆炸极限，或爆炸浓度极限。可燃气体按照爆炸极限分为两级。

（1）一级可燃气体的爆炸下限小于10%，如氢气、甲烷、乙烯、环氧乙烷、氯乙烯、硫化氢、水煤气、天然气等绝大多数气体属于此类。

（2）二级可燃气体的爆炸下限大于10%，如氨、一氧化碳、发生炉煤气等少数可燃气体属于此类。

在生产和储存可燃气体时，将一级可燃气体划为甲类火灾危险，二级可燃气体划为乙类火灾危险。

3.1.2　影响气体爆炸极限的因素

可燃气体（蒸气）的爆炸极限受很多因素的影响，主要有下列几方面。

3.1.2.1　温度

混合物的原始温度越高，则爆炸下限降低，上限增高，爆炸极限范围扩大，爆炸危险性增加。例如，丙酮的爆炸极限受温度影响的情况（见表3-1）。

表 3-1　丙酮爆炸极限受温度的影响

混合物温度/℃	爆炸下限的体积分数/%	爆炸上限的体积分数/%
0	4.2	8.0
50	4.0	9.8
100	3.2	10.0

混合物温度升高使其分子内能增加，引起燃烧速度加快，而且由于分子内能的增加和燃烧速度的加快，使原来含有过量空气（低于爆炸下限）或可燃物（高于爆炸上限）而不能使火焰蔓延的混合物浓度变为可以使火焰蔓延的浓度，从而改变了爆炸极限范围。

3.1.2.2　氧含量

混合物中氧含量增加，爆炸极限范围扩大，尤其是爆炸上限提高得更多。可燃气体在空气和纯氧中的爆炸极限范围见表3-2。

表 3-2　可燃气体在空气和纯氧中的爆炸极限范围

物质名称	在空气中的爆炸极限的体积分数/%	范围	在纯氧中的爆炸极限的体积分数/%	范围
甲烷	4.9~15	10.1	5~61	56.0
乙烷	3~5	2.0	3~66	63.0
丙烷	2.1~9.5	7.4	2.3~55	52.7
丁烷	1.5~8.5	7.0	1.8~49	47.2
乙烯	2.75~34	31.25	3~80	77.0
乙炔	1.53~34	32.47	2.8~93	90.2
氢	4~75	71.0	4~95	91.0
氨	15~28	13.0	13.5~79	65.5
一氧化碳	12~74.5	62.5	15.5~94	78.5

3.1.2.3　惰性介质

如果在爆炸性混合物中掺入不燃烧的惰性气体（如氮、二氧化碳、水蒸气、氩、氦等），随着惰性气体所占体积分数的增大，爆炸极限范围缩小；惰性气体的浓度提高到某一数值，可使混合物不能爆炸。一般情况下，惰性气体对混合物爆炸上限的影响较之对下限的影响更为显著。因为惰性气体浓度加大，表示氧的浓度相对减小，而在上限中氧的浓度本来已经很小，故惰性气体浓度稍微增加一点即产生很大影响，使爆炸上限显著下降。

图 3-3 所示为在甲烷的混合物中加入惰性气体氩、氦，阻燃性气体二氧化碳及水蒸气、四氯化碳等，对爆炸极限的影响。

图 3-3　各种惰性气体浓度对甲烷爆炸极限的影响

3.1.2.4 压力

混合物的原始压力对爆炸极限有很大影响，压力增大，爆炸极限范围也扩大，尤其是爆炸上限显著提高，分子间距离更为接近，碰撞几率增高。这可以从甲烷在不同原始压力时的爆炸极限明显地看出，如图3-4所示。

图 3-4　甲烷在不同压力下的爆炸极限

从表3-3中的数据可以看出，压力增大，爆炸下限的变化并不显著，而且不规则。

表 3-3　甲烷在不同原始压力时的爆炸极限

原始压力/MPa	爆炸下限的体积分数/%	爆炸上限的体积分数/%
0.1	5.6	14.3
1	5.9	17.2
5	5.4	29.4
12.5	5.7	45.7

值得重视的是，当混合物的原始压力减小时，爆炸极限范围缩小，压力降至某一数值时，爆炸下限与爆炸上限相汇成一点，压力再降低，混合物即变为不可爆。

爆炸极限范围缩小为零的压力称为爆炸的临界压力。如图3-4所示，甲烷在3个不同的原始温度下，爆炸极限随压力下降而缩小。此外，又如一氧化碳的爆炸极限在10MPa压力时为15.5%~68%，5.3MPa时为19.5%~57.7%，4MPa时为37.4%，在2.7MPa时即没有爆炸危险。临界压力的存在表明，在密闭的设备内进行减压操作，可以消除爆炸危险。

3.1.2.5　容器

容器直径越小，火焰在其中越难蔓延，混合物的爆炸极限范围则越小。当容器直径或火焰通道小到某一数值时，火焰不能蔓延，可消除爆炸危险，这个直径称为临界直径。如甲烷的临界直径为 0.4~0.5mm，氢和乙炔为 0.1~0.2mm 等。

容器直径大小对爆炸极限的影响，可用链式反应理论解释。燃烧是由游离基产生的一系列连锁反应的结果。管径减小时，游离基与管壁的碰撞几率相应增大，当管径减小到一定程度时，因碰撞造成游离基销毁的反应速度大于游离基产生的反应速度，燃烧反应便不能继续进行。

3.1.2.6　能量

能量对爆炸极限范围的影响是：能量强度越高，加热面积越大，作用时间越长，则爆炸极限范围越宽。以甲烷为例，100V、1A 的电火花不引起爆炸；2A 的电火花可引起爆炸，爆炸极限为 5.9%~13.6%；3A 的电火花则爆炸极限扩大为 5.85%~14.8%。几种烷烃引爆的电流强度如图 3-5 所示。

图 3-5　几种烷烃引爆的电流强度

a—甲烷；b—乙烷；c—丙烷；d—丁烷；e—戊烷

各种爆炸性混合物都有一个最低引爆能量，即点火能量，它是指能引起爆炸性混合物发生爆炸的最小火源所具有的能量。它也是混合物爆炸危险性的一项重要的性能参数。爆炸性混合物的点火能量越小，其燃爆危险性就越大。可燃气体和蒸气在空气中发生燃爆的最小点火能量见表 3-4。

火花的能量、热表面的面积、火源与混合物的接触时间等对爆炸极限均有影响。此外，光对爆炸极限也有影响。如前所述，氢和氯的混合物，在避光黑暗处反应十分缓慢，但在强光照射下则发生剧烈反应（连锁反应），并导致爆炸。

表 3-4　可燃气体和蒸气与空气混合物的最小点火能量

物质名称	最小点火能量/mJ	物质名称	最小点火能量/mJ	物质名称	最小点火能量/mJ
饱和烃		不饱和烃		环氧丙烷	0.19
乙烷	0.285	乙炔	0.019	环丙烷	0.24
丙烷	0.305	乙烯基乙炔	0.082	环戊烷	0.54
甲烷	0.47	乙烯	0.096	环己烷	1.38
戊烷	0.51	丙炔	0.152	二氢吡喃	0.365
异丁烷	0.52	丁二烯	0.175	四氢吡喃	0.54
异戊烷	0.70	丙烯	0.282	环戊二烯	0.67
庚烷	0.70	2-戊烯	0.51	环己烯	0.525
三甲基丁烷	1.0	1-庚烯	0.56	卤代烃	
异辛烷	1.35	二异丁烯	0.96	丙基氯	1.08
二甲基丙烷	1.57	环状物		丁基氯	1.24
二甲基戊烷	1.64	环氧乙烷	0.087	异丙基氯	1.55
丙基溴	1000 不着火	酯类		乙胺	2.4
醇类		醋酸甲酯	0.40	芳香烃类	
甲醇	0.215	醋酸乙烯酯	0.70	呋喃	0.225
异丙基硫醇	0.53	醋酸乙酯	1.42	噻吩	0.39
异丙醇	0.65	醚类		苯	0.55
醛类		甲醚	0.33	无机物	
丙烯醛	0.137	二甲氧基甲烷	0.42	二氧化碳	0.015
丙醛	0.325	乙醚	0.49	氢	0.017
乙醛	0.376	异丙醚	1.14	硫化氢	0.068
酮类		胺类		氨	1000 不着火
丁酮	0.68	三乙胺	0.75		
丙酮	1.15	异丙胺	2.0		

3.1.3　评价可燃气体燃爆危险性的主要技术参数

3.1.3.1　爆炸极限

可燃气体的爆炸极限是表征其爆炸危险性的一种主要技术参数，爆炸极限范围越宽，爆炸下限浓度越低，爆炸上限浓度越高，则通常燃烧爆炸危险性越大。可燃气体与蒸气在普通情况（20℃及 101325Pa）下的爆炸极限见表 3-5。

表 3-5   可燃气体与蒸气在普通情况下的爆炸极限

物质名称	爆炸下限/%	爆炸上限/%	物质名称	爆炸下限/%	爆炸上限/%
甲烷	5.00	15.00	乙烯	2.75	28.60
乙烷	3.22	12.45	乙炔	2.50	80.00
丙烷	2.37	9.50	苯	1.41	6.75
甲苯	1.27	7.75	醋酸甲酯	3.15	15.60
二甲苯	1.00	6.00	醋酸戊酯	1.10	11.40
甲醇	6.72	36.50	松节油	0.80	—
乙醇	3.28	18.95	氢	4.00	74.00
丙醇	2.55	13.50	一氧化碳	12.50	80.00
异丙醇	2.65	11.80	氨	15.50	27.00
甲醛	3.97	57.00	二氧化碳	1.25	50.00
糠醛	2.10	—	硫化氢	1.30	45.50
乙醚	1.85	36.50	氧硫化碳	11.90	28.50
丙酮	2.55	12.80	一氯甲烷	8.25	18.70
氢氰酸	5.60	47.00	溴甲烷	13.50	14.50
醋酸	4.05	—	苯胺	1.58	—

3.1.3.2 爆炸危险度

可燃气体或蒸汽的爆炸危险性还可以用爆炸危险度来表示。爆炸危险度是爆炸浓度极限范围与爆炸下限浓度之比值，其计算公式如下：

$$爆炸危险度 = \frac{爆炸上限浓度 - 爆炸下限浓度}{爆炸下限浓度}$$

爆炸危险度说明，气体或蒸汽的爆炸浓度极限范围越宽，爆炸下限浓度越低，爆炸上限浓度越高，其爆炸危险性就越大。几种典型气体的爆炸危险度见表3-6。

表 3-6   典型气体的爆炸危险度

名称	爆炸危险度	名称	爆炸危险度
氨	0.87	汽油	5.00
甲烷	1.83	辛烷	5.32
乙烷	3.17	氢	17.78
丁烷	3.67	乙炔	31.00
一氧化碳	4.92	二硫化碳	59.00

3.1.3.3 传爆能力

传爆能力是爆炸性混合物传播燃烧爆炸能力的一种度量参数，用最小传爆断面表示。当可燃性混合物的火焰经过两个平面间的缝隙或小直径管子时，如果其断面小到某个数字值，由于游离基销毁的数量增加破坏了燃烧条件，火焰即熄灭。这种阻断火焰传播的原理称为缝隙隔爆。有固定组成的气体混合物在各种直径管子中燃烧时，若继续增大管径，火焰传播速度虽有增加，但达到某一极限值之后，速度就不再增加；当管径减小时，火焰传播速度减小，但管径小到一定程度时，火焰就不再传播了。又称火焰传播率，指单位时间内火焰在燃烧物表面上向前移动的直线速度。可燃性气体的火焰传播速度实际上就是它的燃烧速度，可按下式计算

$$v_0 = v_{\rm m}/p_0$$

式中　v_0——火焰传播速度，cm/s；

　　　$v_{\rm m}$——火焰峰面单位面积上每秒钟烧掉的可燃物数量，g/(cm^2·s)；

　　　p_0——可燃气体的密度，g/cm^3。

爆炸性混合物的火焰尚能传播而不熄灭的最小断面称为最小传爆断面。设备内部的可燃混合气被点燃后，通过25mm长的接合面，能阻止将爆炸传至外部的可燃混合气的最大间隙，称为最大试验安全间隙。可燃气体或蒸汽爆炸性混合物，按照传爆能力的分级见表3-7。

表 3-7　可燃气体或蒸气爆炸性混合物按照传爆能力的分级

级别	1	2	3	4
间隙 δ/mm	$\delta>1.0$	$0.6<\delta\leq1.0$	$0.4<\delta\leq0.6$	$\delta\leq0.4$

3.1.3.4　爆炸压力和威力指数

（1）爆炸压力。可燃性混合物爆炸时产生的压力称为爆炸压力，它是度量可燃性混合物将爆炸时产生的热量用于做功的能力。发生爆炸时，如果爆炸压力大于容器的极限强度，容器便发生破裂。

各种可燃气体或蒸汽的爆炸性混合物，在正常条件下的爆炸压力一般都不超过1MPa，但爆炸后压力的增长速度却是相当高的。几种可燃气体或蒸汽的爆炸压力及其增长速度见表3-8。

表 3-8　可燃气体或蒸气的爆炸压力及其增长速度

名称	爆炸压力/MPa	爆炸压力增长速度/MPa·s^{-1}
氢	0.62	90
甲烷	0.72	—
乙炔	0.95	80
一氧化碳	0.7	—
乙烯	0.78	55

名称	爆炸压力/MPa	爆炸压力增长速度/MPa·s^{-1}
苯	0.8	3
乙醇	0.55	—
丁烷	0.62	15
氨	0.6	—

（2）爆炸威力指数。气体爆炸的破坏性还可以用爆炸威力指数来表示。爆炸威力指数是反映爆炸时对容器和建筑物冲击度的一个量，与爆炸形成的最大压力有关，同时还与爆炸压力的上升速度有关。

典型气体和蒸汽的爆炸威力指数见表 3-9。

表 3-9　典型气体和蒸气的爆炸威力指数

名称	威力指数	名称	威力指数
丁烷	9.30	氢	55.80
苯	2.4	乙炔	76.00
乙烷	12.13		

3.1.3.5　自燃点

可燃气体的自燃点不是固定不变的数值，而是受压力、密度、容器直径、催化剂等因素的影响。

一般规律为受压越高，自燃点越低；密度越大，自燃点越低；容器直径越小，自燃点越高。可燃气体在压缩过程中（例如在压缩机中）较容易发生爆炸，其原因之一就是自燃点降低的缘故。在氧气中测定时，所得自燃点数值一般较低，而在空气中测定则较高。

同一物质的自燃点随一系列条件而变化，这种情况使得自燃点在表示物质火灾危险性上降低了作用，但在判定火灾原因时，必须知道物质的自燃点。所以，在利用文献中的自燃点数据时，必须注意它们的测定条件。测定条件与所考虑的条件不符时，应该注意其间的变化关系。在普通情况下，可燃气体和蒸气的自燃点见表 3-10。

爆炸性混合气处于爆炸下限浓度或爆炸上限浓度时的自燃点最高，处于完全反应浓度时的自燃点最低。在通常情况下，都是采用完全反应浓度时的自燃点作为标准自燃点。例如，硫化氢在爆炸上限时的自燃点为 373℃，在爆炸下限时的自燃点为 304℃，在完全反应浓度时的自燃点是 216℃，故取用 216℃作为硫化氢的标准自燃点。因此，应当根据爆炸性混合气的自燃点选择防爆电器的类型，控制反应温度，设计阻火器的直径，采取隔离热源的措施等。与爆炸性混合物接触的任何物体，如电动机、反应罐、暖气管道等，其外表面的温度必须控制在接触的爆炸性混合物的自燃点温度以下。

表 3-10 可燃气体和蒸气在普通情况下的自燃点

物质名称	自燃点/℃	物质名称	自燃点/℃	物质名称	自燃点/℃
甲烷	650	苯	625	硝基甲苯	482
乙烷	540	甲苯	600	蒽	470
丙烷	530	乙苯	553	石油醚	246
丁烷	429	二甲苯	590	松节油	250
乙炔	406	苯胺	620	乙醚	180
丙酮	612	丁醇	337	醋酸甲酯	451
甘油	348	乙二醇	378	氨	651
甲醇	430	醋酸	500	一氧化碳	644
乙醇（96%）	421	醋酐	180	二硫化碳	112
丙醇	377	醋酸戊酯	451	硫化氢	216

为了使防爆设备的表面温度限制在一个合理的数值上，将在标准试验条件下的爆炸性混合物按其自燃点分组，见表 3-11。

表 3-11 爆炸性混合物按自燃点分组

组别	爆炸性混合物自燃温度 T/℃	组别	爆炸性混合物自燃温度 T/℃
T_a	$450 < T$	T_d	$135 < T \leqslant 200$
T_b	$300 < T \leqslant 450$	T_e	$100 < T \leqslant 135$
T_c	$200 < T \leqslant 300$		

3.1.3.6 化学活泼性

（1）可燃气体的化学活泼性越强，其火灾爆炸的危险性越大，可燃气体在通常条件下即能与氯、氧及其他氧化剂起反应，发生火灾和爆炸。

（2）气态烃类分子结构中的价键越多，化学活泼性越强，火灾爆炸的危险性越大。例如，乙烷、乙烯和乙炔分子结构中的价键分别为单键（$H_3C—CH_3$）、双键（$H_2C = CH_2$）和三键（$HC \equiv CH$），则它们的燃烧爆炸和自燃的危险性依次增加。

3.1.3.7 相对密度

（1）与空气密度相近的可燃气体，容易互相均匀混合，形成爆炸性混合物。

（2）比空气重的可燃气体沿着地面扩散，并易窜入沟渠、厂房死角处，长时间聚集不散，遇火源则发生燃烧或爆炸。

（3）比空气轻的可燃气体容易扩散，而且能顺风飘动，会使燃烧火焰蔓延、扩散。

（4）应当根据可燃气体的密度特点，正确选择通风排气口的位置，确定防火间距值以及采取防止火势蔓延的措施。

（5）可燃气体的相对密度是指可燃气体对空气质量之比，各种可燃气体对空气的相对密度可通过下式计算：

$$\rho = \frac{M}{29} \tag{3-1}$$

式中　　M——可燃气体的摩尔质量；

　　　　29——空气的平均摩尔质量。

3.1.3.8　扩散性

（1）扩散性是指物质在空气及其他介质中的扩散能力。

（2）可燃气体（蒸气）在空气中的扩散速度越快，火灾蔓延扩展的危险性就越大。气体的扩散速度取决于扩散系数的大小。几种可燃气体在相对密度和标准状态下的扩散系数见表3-12。

表 3-12　几种可燃气体的相对密度和标准状况下的扩散系数

气体名称	扩散系数	相对密度	气体名称	扩散系数	相对密度
氢	0.634	0.07	乙烯	0.130	0.79
乙炔	0.194	0.91	甲醚	0.118	1.58
甲烷	0.196	0.55	液化石油气	0.121	1.56
氨	0.198	0.59	（丙烷）		

3.1.3.9　可压缩性和受热膨胀性

（1）气体与液体比较有很大的弹性。气体在压力和温度的作用下，容易改变其体积，受压时体积缩小，受热即体积膨胀。当容积不变时，温度与压力成正比，即气体受热温度越高，它膨胀后产生的压力也越大。

（2）气体的压力温度和体积之间的关系，可用理想气体状态方程式表示：

$$pV = nRT \tag{3-2}$$

式中　　p——气体压力，MPa；

　　　　V——气体体积，m^3 或 L；

　　　　n——气体的摩尔数，kg/mol；

　　　　R——气体常数，8.315Pa·m^3/（mol·K）或 0.008205MPa·L/（mol·K）；

　　　　T——热力学温度。

理想气体状态方程式的计算值与真实气体有一定的误差，而且随着压力升高，误差往往加大。

式（3-2）表明，盛装压缩气体或液体的容器（钢瓶）如受高温、日晒等作用，气体就会急剧膨胀，产生很大压力，当压力超过容器的极限强度时，就会引起容器的爆炸。

3.2 可燃液体

凡遇火、受热并与氧化剂接触能着火和爆炸的液体，都称为可燃液体。

3.2.1 燃烧形式和液体火灾

大部分液体的燃烧是由于受热气化形成蒸气以后，按气体的燃烧方式（扩散燃烧或动力燃烧）进行。

液面的蒸气点燃后，会产生火焰并出现热量的扩展，火焰向液面的传热主要是辐射；而火焰向液体里层的传热方式主要是传导和对流。

3.2.1.1 沸溢火灾

（1）储槽内的液体在燃烧过程中，如果延续的时间较长，除了表面被加热外，其里层也会逐渐被预热。对于沸腾温度比储槽侧壁温度高的可燃液体，其里层的加热是以传导方式进行的，随着离开液面距离的加大，里层的温度很快下降。因此，这类液体燃烧时里层预热的情况是不严重的。

（2）对于沸腾温度比储槽侧壁温度低的可燃液体，是以对流的方式沿整个深度进行加热的。这种在较大深度内进行的加热，可造成该液体（尤其是含有水分时）由于剧烈沸腾而溢出或溅落在附近地面，使火蔓延。

（3）由多种成分组成的液体在燃烧时液相和气相的成分发生变化。例如，重油、黑油等石油产品的燃烧，由于分馏的结果，液相上层逐渐积累起沥青质、树脂质及焦炭的产物。这些产物的密度都大于液体本身，因而就往下沉并加热深处的液体。如果油中含有水分，则有可能使水沸腾而使石油产品从槽中溢出，扩大火灾的危险性。

（4）图3-6所示为油罐沸溢火灾的过程。该图表明，在燃烧的作用下，靠近液面的油层温度上升，油品黏度变小，在水滴向下沉积的同时，受热油的作用而蒸发变成蒸气泡，于是呈现沸腾现象，如图3-6（a）所示。蒸气泡被油膜包围形成大量油泡群，体积膨胀，溢出罐外，形成如图3-6（b）所示的沸溢。

3.2.1.2 喷溅火灾

如图3-7所示，当储槽内有水垫时，上述沸腾温度比储槽温度低的可燃液体，或者由多种成分组成的可燃液体的分馏产物，将以对流的方式使高温层在较大深度内加热水垫（图3-7（a）），水便汽化产生大量蒸汽；随着蒸汽压力的逐渐增高，当蒸汽压力足以把其上面的油层抛向上空时，便向四周喷溅，如图3-7（b）所示。

图 3-6　油罐沸溢火灾示意图

图 3-7　油罐喷溅火灾示意图

根据以上分析可以看出，油罐发生沸溢的原因是由于储存的液体的黏度较大、沸点较高及含有一定水分。油罐发生喷溅的原因是罐内液体的沸腾温度比储罐侧壁温度低，是以对流的方式沿整个深度进行加热，油罐底部有沉积水层，并且能被加热至沸点。

油罐火灾发生沸溢或喷溅时，使大量燃烧着的油液涌出罐外，四处流散，不但会迅速扩大火灾范围，而且还会威胁扑救人员的安全和毁坏灭火器材，具有很大的危险性。

3.2.1.3　喷流火灾

（1）处于压力下的可燃液体，燃烧时呈喷流式燃烧。如油井井喷火灾，高压油系统从容器、管道喷出的火灾等。

（2）喷流式燃烧速度快、冲力大，火焰传播迅速，在火灾初起阶段如能及时切断气源（如关闭阀门等），则可较易扑灭；燃烧时间延长，会造成熔孔扩大、窑门或井口装置被严重烧损等，迅速扩大火势，则较难扑灭。

3.2.2 可燃液体的分类

3.2.2.1 按闪点分类

可燃液体的分类主要是按闪点的不同，根据 GB 6944—2012，将可燃液体分为：

（1）低闪点液体——闪点低于-18℃；

（2）中闪点液体——闪点为 18~23℃；

（3）高闪点液体——闪点为 28~61℃。

绝大多数易燃液体是有机化合物，它们的分子量较小，这些分子易于挥发，特别是受热后挥发得更快。挥发出来的可燃气体遇到火花或受热，立即就与空气中的氧气发生剧烈反应而燃烧，甚至引起爆炸。所以，易燃液体有很大的火灾爆炸危险性。

3.2.2.2 按化学性质和商品类别不同分类

按化学性质和商品类别，易燃液体大致可分为下面几类：

（1）化工厂原料及溶剂，如汽油、苯、乙醇、甲醚、丙酮等；

（2）硅的有机化合物，如二乙基氯硅烷、三氯硅烷等；

（3）各种易燃性漆类，如硝基清漆、稀薄剂等；

（4）各种树脂和黏合剂，如生松香等；

（5）各种油墨和调色油，如影写板油墨和照相油色等；

（6）含有易燃液体的物品，如擦铜水等；

（7）盛放于易燃液体中的物品，如金属镧、铷、铈等盛放于易燃液体煤油中；

（8）其他，如二硫化碳、胶棉液等。

3.2.3 可燃液体的爆炸极限

可燃液体的爆炸极限有两种表示方法：一是可燃蒸气的爆炸浓度极限，有上、下限之分，以"%"（体积分数）表示；二是可燃液体的爆炸温度极限，也有上、下限之分，以"℃"表示。因为可燃蒸气的浓度是可燃液体在一定温度下形成的，因此，爆炸温度极限体现着一定的爆炸浓度极限，两者之间有相对应的关系。例如，酒精的爆炸温度极限为 11~40℃，与此相对应的爆炸浓度极限为 3.3%~18%。液体的温度可随时方便地测出，与通过取样和化验分析来测定蒸气浓度的方法相比要简便得多。

几种可燃液体的爆炸温度极限和爆炸浓度极限见表 3-13。

表 3-13　液体的爆炸温度极限和爆炸浓度极限

液体名称	爆炸浓度极限/%	爆炸温度极限/℃
酒精	3.3~18	11~40
甲苯	1.2~7.75	1~31
松节油	0.8~62	32~53
车用汽油	0.79~5.16	-39~-8
灯用煤油	1.4~7.5	40~86
乙醚	1.85~35.5	-45~13
苯	1.5~9.5	-14~12

3.2.4　评价可燃液体燃爆危险性的主要技术参数

评价可燃液体火灾爆炸危险性的主要技术参数包括闪点、饱和蒸气压力和爆炸极限。此外，还有液体的其他性能，如相对密度、流动扩散性、沸点和膨胀性等。

3.2.4.1　饱和蒸气压力

饱和蒸气是指在单位时间内从液体蒸发出来的分子数与回到液体里的分子数相等的蒸气。在密闭容器中，液体都能蒸发成饱和蒸气。饱和蒸气所具有的压力称为饱和蒸气压力，简称蒸气压力，以 p_z 表示。

可燃液体的蒸气压力越大，蒸发速度越快，闪点越低，火灾危险性越大。蒸气压力是随着液体温度而变化的，即随着温度的升高而增加，超过沸点时的蒸气压力能导致容器爆裂，造成火灾蔓延。表 3-14 列举了一些常见可燃液体的饱和蒸气压力。

表 3-14　几种可燃液体的饱和蒸气压力　　　　　　　　　（Pa）

液体	温度/℃								
	-20	-10	0	+10	+20	+30	+40	+50	+60
丙酮	—	5160	8443	14705	24531	37330	55902	81168	115510
苯	991	1951	3546	5966	9972	15785	24198	35824	52329
航空汽油	—	—	11732	15199	20532	27988	37730	50262	—
车用汽油	—	—	5333	6666	9333	13066	18132	24065	—
二硫化碳	6463	11199	17996	27064	40237	58262	82260	144217	156040
乙醚	8933	14972	24583	28237	57688	84526	120923	168626	216408
甲醇	836	1796	3576	6773	11822	19998	32464	50889	83326
乙醇	333	747	1627	3173	5866	10412	17785	29304	46863

液体	温度/℃								
	−20	−10	0	+10	+20	+30	+40	+50	+60
丙醇	—	—	436	952	1933	3706	6773	11799	18598
丁醇	—	—	—	271	628	1227	2386	4413	7893
甲苯	232	456	901	1693	2973	4960	7906	12399	18598
乙酸甲酯	2533	4686	8279	13972	22638	35330	—	—	—
乙酸乙酯	867	1720	3226	5840	9706	15825	24491	37637	55369
乙酸丙酯	—	—	933	2173	3413	6433	9453	16186	22918

根据可燃液体的蒸气压力，可以求出蒸气在空气中的浓度，其计算式为：

$$C = \frac{p_z}{p_H} \qquad (3-3)$$

式中　C——混合物中的蒸气浓度，%；

　　　p_z——在给定温度下的蒸气压力，Pa；

　　　p_H——混合物的压力，Pa。

如果 p_H 等于大气压力，即 101325Pa(760mmHg)，则可将计算式改写为：

$$C = \frac{p_z}{101325} \qquad (3-4)$$

[例 3-1]　桶装甲苯的温度为 20℃，而大气压力为 101325Pa。试求甲苯的饱和蒸气浓度。

[解]　从表 3-14 查得甲苯在 20℃时饱和蒸汽压力 p_z 为 2973Pa，代入式（3-4）即得：

$$C = \frac{2973}{101325} = 2.93\%$$

答：桶装甲苯在 20℃时的饱和蒸气浓度为 2.93%。从表 3-5 中可以查出甲苯的爆炸极限为 1.27%～7.75%，比较例题中求得甲苯的蒸气浓度，即可说明甲苯在 20℃时具有爆炸危险。

由于可燃液体的蒸气压力是随温度而变化的，因此，可以利用饱和蒸气压力来确定可燃液体在储存和使用时的安全温度和压力。

[例 3-2]　有一个储存苯的罐温度为 10℃，请确定是否有爆炸危险？如有爆炸危险，请问应选择什么样的储存温度比较安全？

[解]　先查出苯在 10℃时的蒸气压力为 5960Pa，代入式（3-4），则：

$$C = \frac{p_z}{101325} = \frac{5960}{101325} = 5.89\%$$

苯的爆炸极限为 1.5%～9.5%，故苯在 10℃时具有爆炸危险。

消除形成爆炸浓度的温度有两种方式：一是低于闪点的温度；二是高于爆炸上限的温度。但苯的闪点为−14℃，凝固点为 5℃，若储存温度低于闪点，苯就会凝固。因此，安全储存温度应采取高于爆炸上限的温度。已知苯的爆炸上限为 9.5%，代入下式：

$$p_z = 101325C = 101325 \times 0.095 = 9625.8Pa$$

从表 3-14 查得苯的蒸气压力为 9625.8Pa 时，处于 10～20℃范围内，用内插法求得：

$$10 + \frac{(9625.8 - 5966) \times 10}{9972 - 5966} = 10 + 9 = 19℃$$

答：储存苯的安全温度应高于 19℃。

[例 3-3]　某厂在车间中使用丙酮作溶剂，操作压力为 500kPa，操作温度为 25℃，请问丙酮在该压力和温度下有无爆炸危险？如有爆炸危险，应选择何种操作压力比较安全？

[解]　先求出丙酮的蒸气浓度。从表 3-14 查得丙酮在 25℃时的蒸气压力为 30931Pa，代入式（3-3）得出丙酮在 500kPa 下的蒸发浓度：

$$C = \frac{p_z}{p_H} = \frac{30931}{500000} = 6.2\%$$

丙酮的爆炸极限为 2%～13%，说明在 500kPa 压力下丙酮是有爆炸危险的。

如果温度不变，那么，为保证安全则操作压力可以考虑选择常压或负压。如选择常压，则浓度为

$$C = \frac{p_z}{101325} = \frac{30931}{101325} = 30.5\%$$

如选择负压，假设真空度为 39997Pa，则浓度为

$$C = \frac{p_z}{p_H} = \frac{30931}{101325 - 39997} = 50.4\%$$

显然，在常压或负压的两种压力下，丙酮的蒸气浓度都超过爆炸上限，无爆炸危险。但相比之下，负压生产比较安全。

3.2.4.2　爆炸极限

可燃液体的着火和爆炸是蒸气而不是液体本身，因此，爆炸极限对液体燃爆危险性的影响和评价同可燃气体。

可燃液体的爆炸温度极限可以用仪器测定，也可利用饱和蒸气压力公式，通过爆炸浓度极限进行计算。

[例 3-4]　已知甲苯的爆炸浓度极限为 1.27%～7.75%，大气压力为 101325Pa，试求其爆炸温度极限。

[**解**]   先求出甲苯在101325Pa下的饱和蒸气压：

$$p_z = \frac{1.27 \times 101325}{100} = 1286.83\text{Pa}$$

从表3-14查得甲苯在126.83Pa蒸气压力下处于0~10℃之间，利用内插法求得甲苯的爆炸温度下限：

$$\frac{(1286.83 - 901) \times 10}{1693 - 901} = \frac{3858.3}{792} = 4.87℃$$

再利用式（3-3）求甲苯的爆炸温度上限：

$$p_z = \frac{7.75 \times 101325}{100} = 7852.69\text{Pa}$$

从表3-14查得甲苯在6839.43Pa蒸气压力下处于30~40℃之间，利用内插法求得甲苯的爆炸温度上限：

$$30 + \frac{(7852.69 - 4960) \times 10}{7906 - 4960} = 30 + \frac{26226.9}{2946} = 38.9℃$$

答：在101325Pa大气压力下，甲苯的爆炸温度极限为4.87~38.9℃。

3.2.4.3   闪点

可燃液体的闪点越低，表示越易起火燃烧，因为在常温甚至在冬季低温时，只要遇到明火就可能发生闪燃，所以具有较大的火灾爆炸危险性。为便于闪点特性的讨论，现将几种常见可燃液体的闪点列于表3-15。可燃液体的闪点随其浓度而变化。

表3-15   几种常见可燃液体的闪点

物质名称	闪点/℃	物质名称	闪点/℃	物质名称	闪点/℃
甲醇	7	苯	−14	醋酸丁酯	13
乙醇	11	甲苯	4	醋酸戊酯	25
乙二醇	112	氯苯	25	二硫化碳	−45
丁醇	35	石油	−21	二氯乙烷	8
戊醇	46	松节油	32	二乙胺	26
乙醚	−45	醋酸	40	航空汽油	−44
丙酮	−20	醋酸乙酯	1	煤油	18
		甘油	160	车用汽油	−36

两种可燃液体混合物的闪点，一般是位于原来两种液体的闪点之间，并且低于这两种可燃液体闪点的平均值。例如车用汽油的闪点为−36℃，灯用煤油的闪点为40℃，如果将汽油和煤油按1:1的比例混合，那么混合物的闪点应低于

$$\frac{-36 + 40}{2} = 2℃$$

在易燃的溶剂中掺入四氯化碳，其闪点即提高，加入量达到一定数值后，不

能闪燃。例如，在甲醇中加入 4% 的四氯化碳，就不会出现闪燃现象。这种性质在安全上可加以利用。

各种可燃液体的闪点可用专门仪器测定，也可用计算法求定。可燃液体的闪点利用饱和蒸汽压力进行计算时，有以下几种计算方法。

（1）利用爆炸浓度极限求闪点和爆炸温度极限。

[例 3-5]　已知乙醇的爆炸浓度极限为 3.3%～18%，试求乙醇的闪点和爆炸温度极限。

[解]　乙醇在爆炸浓度下限（3.3%）时的饱和蒸气压力为：

$$p_z = 101325C = 101325 \times 0.033 = 3343.73 \text{Pa}$$

从表 3-14 查得乙醇蒸气压力为 3343.73Pa 时，其温度处于 10～20℃之间，并且在 10℃和 20℃时的蒸汽压力分别为 3173Pa 和 5866Pa。可用内插法求得闪点和爆炸温度下限：

$$10 + \frac{(3343.73 - 3173) \times 10}{5866 - 3173} = 10 + 0.6 = 10.6℃$$

再通过式（3-4）求出乙醇的爆炸温度上限：

$$C = \frac{p_z}{101325}$$

$$p_z = 0.18 \times 101325 = 18238.5 \text{Pa}$$

从表 3-14 中查得乙醇在 18238.5Pa 蒸气压力时的温度约等于 40℃。

答：乙醇的闪点约为 10.6℃，其爆炸温度极限为 10.6～40℃。

（2）多尔恩顿公式。

$$p_s = \frac{p_H}{1 + (n - 1) \times 4.76} \tag{3-5}$$

式中　p_s——与闪点相适应的液体饱和蒸气压力，Pa；

　　　p_H——液体蒸气与空气混合物的总压力，通常等于 101325Pa；

　　　n——燃烧 1mol 液体所需氧的原子数，可通过燃烧反应式确定（常见可燃液体的 n 值见表 3-16）。

表 3-16　常见可燃性液体的 n 值

液体名称	分子量	n 值	液体名称	分子量	n 值
苯	C_6H_6	15	甲醇	CH_3OH	3
甲苯	$C_6H_5CH_3$	18	乙醇	C_2H_5OH	6
二甲苯	$C_6H_4(CH_3)_2$	20	丙醇	C_3H_7OH	9
乙苯	$C_6H_5C_2H_5$	21	丁醇	C_4H_9OH	12
丙苯	$C_6H_5C_3H_7$	24	丙酮	CH_3COCH_3	8
己烷	C_6H_{14}	19	二硫化碳	CS_2	6
庚烷	C_7H_{16}	22	乙酸乙酯	$CH_3COOC_2H_5$	10

[例3-6] 试计算苯在101325Pa大气压下的闪点。

[解] 根据燃烧反应式求出 n 值：

$$C_6H_6 + 7.5O_2 \Longrightarrow 6CO_2 + 3H_2O$$

$$n = 15$$

根据式（3-5），计算在闪燃时的饱和蒸气压，

$$p_s = \frac{p_H}{1 + (n-1) \times 4.76} = \frac{101325}{1 + (15-1) \times 4.76} = 1498Pa$$

从表3-14查得苯在1498Pa蒸气压力下处于 $-20 \sim -10℃$ 之间，用内插法求得其闪点：

$$-20 + \frac{(1498 - 991) \times 10}{1951 - 991} = 14.7℃$$

答：苯在101325Pa的压力下闪点为 $-14.7℃$。

（3）布里诺夫公式。

$$p_s = \frac{Ap_H}{D_0\beta} \tag{3-6}$$

式中　p_s ——与闪点相对应的液体饱和蒸气压，Pa；

　　　p_H ——液体蒸气与空气混合的总压力，通常等于101325Pa；

　　　A ——仪器的常数；

　　　β ——燃烧1mol液体所需氧的物质的量；

　　　D_0 ——液体蒸气在空气中标准状态下的扩散系数。

常见液体蒸气在空气中的扩散系数（D_0）见表3-17。

表3-17　常见液体蒸气在空气中的扩散系数

液体名称	在标准状况下的扩散系数	液体名称	在标准状况下的扩散系数
甲醇	0.1325	丙醇	0.085
乙醇	0.102	丁醇	0.0703
戊醇	0.0589	乙酸乙酯	0.0715
苯	0.77	乙酸丁酯	0.085
甲苯	0.0079	二硫化碳	0.0892
乙醚	0.778	丙酮	0.086
乙酸	0.1054		

运用式（3-6）进行计算时，需首先根据已知某一液体的闪点求出 A 值，然后再进行计算。

[例3-7] 已知甲苯的闪点为5.5℃，大气压为101325Pa，试求苯的闪点。

[解] 先根据甲苯的闪点求出 A 值。

从表 3-14 中算出甲苯在 5.5℃时的蒸气压力为 1333.2Pa，B 值等于 $n/2$，即 $18/2 = 9$。

D_0 值为 0.0709，代入式 (3-6)，得：

$$A = \frac{p_s D_0 \beta}{101325} = \frac{1333.22 \times 0.0709 \times 9}{101325} \approx 0.0084$$

再按式 (3-6) 求苯在闪燃时的蒸气压力：

$$p_s = \frac{A p_H}{D_0 \beta} = \frac{0.0084 \times 101325}{0.077 \times 7.5} \approx 1473.8 \text{Pa}$$

从表 3-14 查得苯在 1473.8Pa 蒸气压力下，处于 −20～−10℃之间，用内插法求得苯的闪点为：

$$-20 + \frac{(1473.8 - 991) \times 10}{1951 \times 991} \approx -15℃$$

答：在大气压力为 101325Pa 时，苯的闪点为−15℃。

3.2.4.4　受热膨胀性

热胀冷缩是一般物质的共性，可燃液体储存于密闭容器中，受热时由于液体体积的膨胀，蒸气压也会随之增大，有可能造成容器的鼓胀，甚至引起爆炸事故。可燃液体受热后的体积膨胀值，可用下式计算：

$$V_t = V_0 (1 + \beta t) \tag{3-7}$$

式中　V_t, V_0——分别为液体在 t 和 0℃时的体积，L；

　　　　t——液体受热后的温度，℃；

　　　　β——体积膨胀系数，即温度升高 1℃时，单位体积的增量。

几种液体在 0～100℃的平均体积膨胀系数见表 3-18。

[例 3-8]　玻璃瓶装乙醚，存放在暖气片旁。试问这样放乙醚玻璃瓶有无危险（玻璃瓶体积为 24L，并留有 5%的空间。暖气片的散热温度平均为 60℃）？

[解]　从表 3-18 查得乙醚的体积膨胀系数为 0.0016，根据式 (3-7) 求出乙醚受热达到 60℃时的总体积：

$$V_t = V_0 (1 + \beta t) = (24 - 24 \times 5\%) \times (1 + 0.0016 \times 60)$$

$$= 22.8 \times (1 + 0.096) = 24.988 \text{L}$$

乙醚的原体积为 22.8L，实际增加的体积应为

$$24.988 - 22.8 \approx 2.19 \text{L}$$

而乙醚玻璃瓶原有 5%的空间，体积为 24×5% = 1.2L，显然膨胀增加的体积已超过预留空间：2.19−1.2 = 0.99L。同时，乙醚在 60℃时的蒸气压已达到 230008Pa。

答：乙醚玻璃瓶存放在暖气片旁有爆炸危险，应移放在其他安全地点。

表 3-18　液体在 0~100℃之间的平均体积膨胀系数

液体名称	体积膨胀系数	液体名称	体积膨胀系数
乙醚	0.00160	戊烷	0.00160
丙酮	0.00140	煤油	0.00090
苯	0.30120	石油	0.00070
甲苯	0.00110	醋酸	0.00140
二甲苯	0.00095	氯仿	0.00140
甲醇	0.00140	硝基苯	0.00083
乙醇	0.00110	甘油	0.00050
二硫化碳	0.00120	苯酚	0.00089

通过以上分析可以看出，尽管液体分子间的引力比气体大得多，它的体积随温度的变化比气体小得多，而压力对液体的体积影响相对于气体来说就更小了，但是，由于液体具有这种受热膨胀性质，从安全角度出发仍需加以注意并应采取必要的措施。如对盛装易燃液体的容器应按规定留出足够的空间，夏天要储存于阴凉处或用淋水降温法加以保护等。

3.2.4.5　其他燃爆性质

（1）沸点。液体沸腾时的温度（即蒸气压等于大气压时的温度）称为沸点。沸点低的可燃液体，蒸发速度快、闪点低，因而容易与空气形成爆炸性混合物。所以，可燃液体的沸点越低，其火灾和爆炸危险性越大。

低沸点的液体在常温下，其蒸气数量与空气能形成爆炸性混合物。

（2）相对密度。同体积的液体和水的质量之比称为相对密度。可燃液体的相对密度大多小于1。相对密度越小，蒸发速度越快，闪点也越低，因而其火灾爆炸的危险性越大。

可燃蒸气的相对密度是其摩尔质量和空气摩尔质量之比。大多数可燃蒸气都比空气重，能沿地面浮动，遇着火源能发生火灾和爆炸。

比水轻且不溶于水的液体着火时，不能用水扑救；比水重且不溶于水的可燃液体（如二硫化碳）可储存于水中，既能安全防火，又经济方便。

（3）流动扩散性。流动性强的可燃液体着火时，会促使火势蔓延，扩大燃烧面积。液体流动性的强弱与其黏度有关，黏度越低，则液体的流动扩散性越强，反之就越差。

可燃液体的黏度与自燃点有这样的关系，黏稠液体的自燃点比较低，不黏稠液体的自燃点比较高。例如，重质油料沥青是黏稠液体，其自燃点为280℃；苯是不黏稠透明液体，自燃点为580℃，黏稠液体的自燃点比较低是由于其分子间隔小、蓄热条件好。

（4）带电性。大部分可燃液体是高电阻率的电介质（电阻率在 $10 \sim 15\Omega \cdot cm$ 范围内），具有带电能力，如醚类、酮类、酯类、芳香烃类、石油及其产品等，有带电能力的液体在灌注、运输和流动过程中，都有因摩擦产生静电放电而发生火灾的危险。

醇类、醛类和发酸类不是电介质，电阻率低，一般都没有带电能力，其静电火灾危险性较小。

（5）相对分子质量。同一类有机化合物中，一般是相对分子质量越小，沸点越低，闪点也越低，所以火灾爆炸危险性也越大。相对分子质量大的可燃液体，其自燃点较低，易受热自燃，如甲醇、乙醇（见表3-19）。

表 3-19　几种醇类同系物相对分子质量与闪点和自燃点的关系

醇类同系物	分子式	相对分子质量	沸点/℃	闪点/℃	自燃点/℃	热值/kJ·kg⁻¹
甲醇	CH_3OH	32	64.7	7	445	23865
乙醇	C_2H_5OH	46	78.4	11	414	30991
丙醇	C_3H_7OH	60	97.8	23.5	404	34792

不饱和的有机化合物比饱和的有机化合物的火灾危险性大，例如，乙炔>乙烯>乙烷。

3.3　可燃固体

凡遇火、受热、撞击、摩擦或与氧化剂接触能着火的固体物质，统称为可燃固体。

3.3.1　固体燃烧过程和分类

熔点低的固体物质燃烧时，是受热后先熔化，再蒸发产生蒸气并分解、氧化而燃烧，如沥青、石蜡、松香、硫、磷等；复杂的固体物质燃烧时，为受热直接分解析出气态产物再氧化燃烧，如木材、煤、纸张、棉花、塑料、人造纤维等；焦炭和金属等燃烧时呈炽热状态，无火焰发生，属于无焰燃烧。

复杂固体物质的燃烧，从防火角度出发，以木材的燃烧最值得注意。木材遇到火焰时，先是受热升温，在110℃以下只放出水分；130℃开始分解，150～200℃以下分解出来的主要是水和二氧化碳，并不能燃烧，在200℃以上分解出一氧化碳、氢和碳氢化合物，此时木材开始燃烧，到300℃时析出的气体产物最多，燃烧也最强烈。

木材的燃烧除了产生气态产物的有火焰燃烧外，还有木炭的无火焰燃烧。在开始燃烧析出可燃气体时，木炭不能燃烧，因为火焰阻止氧接近木炭。随着木炭层的加厚，阻碍了火焰的热量传入里层的木材，因而减少了气态物质的分解，火焰变弱，于是木炭灼热而燃烧，木材表面的温度也随之升高，达到600~700℃。木炭的燃烧又使木炭层变薄，露出新的木材，继续进行分解，这样一直持续到全部木材分解完毕，此后就只有木炭的燃烧，再没有火焰发生。

木材的有火焰燃烧阶段对火灾发展起着决定的作用，该阶段所占的时间虽短，但放出的热量大，火焰的高温与热辐射促使火灾蔓延。因此，在灭火工作中，压制木材的有火焰燃烧最为重要。

固体按燃烧的难易程度分为易燃固体和可燃固体两类。在危险物品的管理上，对于熔点较高的可燃性固体，通常以燃点300℃作为划分易燃固体和可燃固体的界线。

易燃固体按危险性程度又可分为一、二两级。一级易燃固体的燃点低，易于燃烧和爆炸，燃烧速度快，并能放出剧毒气体，如红磷、三氯化磷、五硫化磷二硝基甲苯、闪光粉等；二级易燃固体的燃烧性能比一级易燃固体差，燃烧速度较慢，燃烧产物的毒性较小，例如硫黄、赛璐珞板、萘及镁粉、铝粉、锰粉等。

3.3.2 评价固体火灾危险性的主要技术参数

3.3.2.1 燃点

燃点是表征固体物质火灾危险性的主要参数。燃点低的可燃固体在能量较小的热源作用下，或者受撞击、摩擦等，会很快受热升温达到燃点而着火。所以，可燃固体的燃点越低，越容易着火，火灾危险性就越大。控制可燃物质的温度在燃点以下是防火措施之一。

3.3.2.2 熔点

物质由固态转变为液态的最低温度称为熔点。通常熔点低的可燃固体受热时易蒸发或气化，因此燃点也较低，燃烧速度较快。某些低熔点的易燃固体还有闪燃现象，如萘、二氯化苯、聚甲醛、樟脑等，其闪点大都在100℃以下，所以火灾危险性大，可燃固体的燃点、熔点和闪点见表3-20。

3.3.2.3 自燃点

可燃固体的自燃点一般都低于可燃液体和气体的自燃点，大体上介于180~400℃之间。这是由于固体物质组成中，分子间隔小、单位体积的密度大、受热时蓄热条件好。可燃固体的自燃点越低，其受热自燃的危险性就越大。

有些可燃固体达到自燃点时，会分解出可燃气体与空气发生氧化而燃烧，这类物质的自燃温度一般较低，例如，纸张和棉花的自燃温度为130~150℃。熔点高的可燃固体的自燃点比块状固体的自燃点低一些，粉状固体的自燃点比块状固体的自燃点低一些。可燃固体的自燃点见表3-21。

表 3-20　可燃固体的燃点、熔点和闪点

物质名称	熔点/℃	燃点/℃	闪点/℃	物质名称	熔点/℃	燃点/℃	闪点/℃
萘	80.2	86	80	聚乙烯	120	400	
二氯化苯	53		67	聚丙烯	160	270	
聚甲醛	62		45	聚苯纤维	100	400	
甲基萘	35.1		101	硝酸纤维		180	
苊	96		108	醋酸纤维	260	320	
樟脑	17~179	70	65.5	黏胶纤维		235	
松香	55	216		锦纶-6	220	395	
硫黄	113	255		锦纶-66		415	
红磷		160		涤纶	250~265	390~415	
三硫化磷	172.5	92		二亚硝基间苯二酚	255~264	260	
五硫化磷	276	300		有机玻璃	80	158	
重氮氨基苯	98	150		石蜡	38~62	195	

表 3-21　可燃固体的自燃点

名称	自燃温度/℃	名称	自燃温度/℃
黄（白）磷	60	木材	250
三硫化四磷	100	硫	260
纸张	130	沥青	280
赛璐珞	140	木炭	350
棉花	150	煤	400
布匹	200	蒽	470
赤磷	200	萘	515
松香	40	焦炭	700

此外，可燃固体与空气接触的表面积越大，其化学活性亦越大，越容易燃烧，并且燃烧速度也越快。所以，同样的可燃固体，如单位体积的表面积越大，其危险性就越大。例如，铝粉比铝制品容易燃烧，硫粉比硫块燃烧快等。由多种元素组成的复杂固体物质（如棉花、硝酸纤维等），其受热分解的温度越低，火灾危险性则越大。

粉状的可燃固体，飞扬悬浮在空气中并达到爆炸极限时，有发生爆炸的危险。

3.3.3　粉尘爆炸

许多工业生产部门都存在粉尘爆炸的危险性，目前已发现下述七类粉尘具有爆炸性：（1）金属。如镁粉、铝粉。（2）煤炭。如活性炭和煤。（3）粮食。如面粉、淀粉。（4）合成材料。如塑料、染料。（5）饲料。如血粉，鱼粉。（6）农副产品。如棉花、烟草。（7）林产品。如纸粉、木粉等。可归结为两大类：有机性粉尘和活泼金属粉尘。

3.3.3.1 粉尘爆炸的机理和特点

（1）爆炸的机理。飞扬悬浮于空气中的粉尘与空气组成的混合物，也和气体或蒸气混合物一样，具有爆炸下限和爆炸上限，粉尘混合物的爆炸反应是一种连锁反应，即在火源作用下，产生原始小火球，随着热和活性中心的发展与传播，火球不断扩大，形成爆炸。

（2）爆炸的特点，与气体混合物的爆炸相比较，粉尘混合物的爆炸有下列特点：1）粉尘混合物爆炸时，其燃烧并不完全（这和气体或蒸气混合物有所不同）。例如，煤粉爆炸时，燃烧的基本是分解出来的气体产物，灰渣是来不及燃烧的。2）有产生二次爆炸的可能性。因为粉尘初次爆炸的气浪会将沉积的粉尘扬起，在新的空间形成达到爆炸极限的混合物，产生二次爆炸，这种连续爆炸会造成严重的破坏。3）爆炸的感应期较长。粉尘的燃烧过程比气体的燃烧过程复杂，有的要经过尘粒表面的分解或蒸发阶段，有的是要有一个由表面向中心燃烧的过程，因而感应期较长，可达数十秒，为气体的数十倍；4）粉尘点火的起始能量大，达 10J 数量级，为气体的近百倍。5）粉尘爆炸会产生两种有毒气体：一种是一氧化碳，另一种是爆炸物（如塑料）自身分解的毒性气体。

3.3.3.2 爆炸极限

粉尘混合物的爆炸危险性是以其爆炸浓度下限（g/m^3）来表示的。这是因为粉尘混合物达到爆炸下限时，所含固体物已相当多，以云雾（尘云）的形状存在，这样高的浓度通常只有设备内部或直接接近它的发源地的地方才能达到。至于爆炸上限，因为浓度太高，以致大多数场合都不会达到，所以没有实际意义，例如糖粉的爆炸上限为 $13.5kg/m^3$。

粉尘混合物的爆炸下限不是固定不变的，它的变化与下列因素有关：分散度、火源的性质、可燃气含量、氧含量、惰性粉尘和灰分、温度等。一般来说，可燃气体和氧的含量越大，火源强度、原始温度越高，湿度越低，惰性粉尘及灰分越少，爆炸范围也就越大。

粒度越细的粉尘，其单位体积的表面积越大，越容易飞扬，所需点火能量越小，越容易发生爆炸，如图 3-8 所示。随着空气中氧含量的增加，爆炸浓度范围扩大。有关资料表明，在纯氧中的爆炸浓度下限能下降到只有在空气中的 1/4～1/3，如图 3-9 所示。当尘云与可燃气体共存时，爆炸浓度相应下降，而且点火能量也有一定程度的降低，因此，可燃气体的存在会大大增加粉尘的爆炸危险性，如图 3-10 所示。爆炸性混合物中的惰性粉尘和灰分有吸热作用，例如，煤粉中含11%的灰分时能爆炸，而当灰分达15%~30%时，就很难爆炸了。空气中的水分除了吸热作用之外，水蒸气占据空间，稀释了氧含量而降低粉尘的燃烧速度，而且水分增加了粉尘的凝聚沉降，使爆炸浓度不易出现；当温度和压力增加，含水量减少时，爆炸浓度极限范围扩大，所需点火能量减小，如图3-11所示。

图 3-8　粒度与点燃能量的关系

图 3-9　爆炸浓度下限与氧含量及粒径的关系

图 3-10　甲烷含量对粉尘
爆炸下限的影响

图 3-11　空气中含水量对粉尘爆炸
的最小点燃能量的影响

　　粉尘的爆炸压力是由两种原因产生的：一是生成气态产物，其分子数在多数场合下超过原始混合物中气体的分子数；二是气态产物被加热到高温。

　　各种粉尘的爆炸特性，包括它们的自燃点、爆炸下限及爆炸最大压力，见表3-22。

　　粉尘防爆的原则是缩小粉尘扩散范围、消除积尘、控制火源、适当增湿，还可采用抑爆装置等。

表 3-22　粉尘的自燃点、爆炸下限及爆炸最大压力

粉尘类别		云状粉尘的自燃点/℃	爆炸下限/g·m⁻³	爆炸最大压力/MPa
金属	铝	645	35	0.603
	铁	315	120	0.197
	镁	520	20	0.441
	锌	680	500	0.088
塑料	醋酸纤维	320	25	0.557
	α-甲基丙烯酸酯	440	20	0.388
	六次甲基四胺	410	15	0.428
	石炭酸树脂	460	25	0.415
	邻苯二甲酸酐	650	15	0.333
	聚乙烯塑料	—	25	0.564
	聚苯乙烯	490	20	0.299
其他	棉纤维	530	100	0.449
	玉蜀黍淀粉	470	45	0.49
	烟煤	670	35	0.312
	煤焦油沥青		80	0.333
	硫	190	35	0.279
	木粉	430	40	0.421

3.4　其他危险物品

3.4.1　遇水燃烧物质

凡与水或潮气接触能分解产生可燃气体，同时放出热量而引起可燃气体的燃烧或爆炸的物质，称为遇水燃烧物质。

遇水燃烧物质还能与酸或氧化剂发生反应，而且比遇水发生的反应更为剧烈，其着火爆炸的危险性更大。

3.4.1.1　分类

遇水燃烧物质都具有遇水分解，产生可燃气体和热量，能引起火灾或爆炸的危险性。这类物质引起着火有以下两种情况。

一种是遇水发生剧烈的化学反应，释放出的高热能把反应产生的可燃气体加热至自燃点，不经外来火源也会着火燃烧，如金属钠、碳化钙等。碳化钙与水化合的反应式如下：

$$CaC_2 + 2H_2O \Longrightarrow C_2H_2 + Ca(OH)_2, \ \Delta_r H_m^{\ominus}$$

反应的热量在积热不散的条件下，能引起乙炔自燃爆炸：

$$2C_2H_2 + 5O_2 \Longrightarrow 4CO_2 + 2H_2O, \ \Delta_r H_m^{\ominus}$$

另一种是遇水能发生化学反应，但释放出的热量较少，不足以把反应产生的可燃气体加热至自燃点。不过，可燃气体一旦接触火源也会立即着火燃烧，如氢化钙、保险粉（连二亚硫酸钠）等。

遇水燃烧物质引起爆炸有下列两种情况。

一种是遇水燃烧物质在容器内与水（或吸收空气中的水蒸气）作用，放出可燃气体和热量，与容器内空气形成爆炸性混合气而发生爆炸；或由于气体体积膨胀，使压力逐渐增大，或在受热、翻滚、撞击、摩擦、震动等外力作用下，造成胀裂而引起爆炸，如电石桶的爆炸。

另一种是由于燃烧物质与水相互作用，发生剧烈的化学反应，释放出的可燃气体迅速与周围空气混合达到爆炸极限，由于自燃（反应释放出热量的加热）或遇明火而引起爆炸，如金属钠、钾等。

根据遇水或受潮后发生反应的剧烈程度和危险性大小，遇水燃烧物质可分为两级。

一级遇水燃烧物质，遇水发生剧烈反应，单位时间内产生可燃气体多而且放出大量热量，容易引起燃烧爆炸。属于一级遇水燃烧物质的主要有活泼金属（如锂、钠、钾、铷、锶、铯、钡等金属）及其氢化物，硫的金属化合物、磷化物和硼烷等。

二级遇水燃烧物质，遇水发生的反应比较缓慢，放出的热量比较少，产生的可燃气体一般需在火源作用下才能引起燃烧。属于二级遇水燃烧物质的有金属钙、锌粉、亚硫酸钠、氢化铝、硼、氰化钾等。

在生产、储存中，将所有遇水燃烧物质均划为甲类火灾危险。

3.4.1.2　遇水燃烧物质的火灾爆炸危险性

各类遇水燃烧物质与水接触后，除了反应的剧烈程度和释放出的热量不同之外，所产生的可燃气体的性质也有所不同，主要有以下几类。

第一，生成氢的燃烧或爆炸。有些遇水燃烧物质在与水作用的同时，放出氢气和热量，由于自燃或外来火源作用引起氢气的着火或爆炸。具有这种性质的遇水燃烧物质有活泼金属及其合金、金属氢化物、硼氢化物、金属粉末等。例如，金属钠与水的反应：

$$2Na + 2H_2O \Longrightarrow 2NaOH + H_2 \uparrow, \ \Delta_r H_m^{\ominus} = +371.8kJ$$

这类遇水燃烧物质除了存在氢气的着火或爆炸危险之外，那些尚未来得及反应的金属会随之燃烧或爆炸。又如锌粉与水的反应：

$$Zn + H_2O \Longrightarrow ZnO + H_2 \uparrow$$

此反应放出的热量较少，不至于直接引起氢气的燃烧爆炸。

第二，生成碱氢化合物的着火爆炸。有些遇水燃烧物质与水作用时，生成碳氢化合物，由反应热引起受热自燃，或外来火源作用下造成碳氢化合物的着火爆炸。具有这种性质的遇水燃烧物质主要有金属碳化合物。例如，甲基钠与水的反应。

$$CH_3Na + H_2O \longrightarrow NaOH + CH_4 \uparrow, \ \Delta_r H_m^\ominus$$

第三，生成其他可燃气体的燃烧爆炸。还有一些遇水燃烧物质如金属磷化物、金属氧化物、金属硫化物和金属硅的化合物等，与水作用时生成磷化氢、氰化氢、硫化氢和四氢化硅等。例如，磷化钙与水的反应：

$$Ca_3P_2 + 6H_2O \longrightarrow 3Ca(OH)_2 + 2PH_3 \uparrow, \ \Delta_r H_m^\ominus$$

由于磷化氢的自燃点低（45~60℃），故能在空气中自燃。

从以上讨论可以看出，遇水燃烧物质的类别多，遇水生成的可燃气体不同，因此其危险性也有所不同。总的来说，遇水燃烧物质的危险性主要有以下几方面。

（1）遇水或遇酸燃烧性。这是遇水燃烧物质共同的危险性。因此，在储存、运输和使用时，应注意防水、防潮、防雨雪。遇水燃烧物质着火时，不能用水或酸碱泡沫灭火剂及泡沫灭火剂扑救。因为酸碱泡沫灭火剂是利用碳酸氢钠溶液和硫酸溶液的作用，产生二氧化碳气体进行灭火的。其反应式为：

$$2NaHCO_3 + H_2SO_4 \longrightarrow Na_2SO_4 + 2H_2O + 2CO_2 \uparrow$$

泡沫灭火剂是利用碳酸氢钠溶液和硫酸铝溶液的作用，产生二氧化碳进行灭火的，其反应式为

$$6NaHCO_3 + Al_2(SO_4)_3 \longrightarrow 3Na_2SO_4 + 2Al(OH)_3 + 6CO_2 \uparrow$$

从以上反应式可以看出，这些灭火剂是以溶液为药剂的。溶液中含有大量的水，所以用这两种灭火剂来扑救遇水燃烧物质的火灾是不适宜的。

此外，不少遇水燃烧物质能够与酸起反应生成可燃气体，而且反应剧烈。例如，把少量锌粉撒到水里去，并不会发生剧烈反应，但是如果把少量锌粉撒到酸中，即使是较稀的酸，也会立即有大量氢气泡冒出，反应非常剧烈。又如，金属钠、氰化钡等与硫酸反应生成氢气，碳化钙和硫酸反应生成乙炔等，它们的反应式如下，

$$2Na + H_2SO_4 \longrightarrow Na_2SO_4 + H_2 \uparrow$$
$$BaH_2 + H_2SO_4 \longrightarrow BaSO_4 + 2H_2 \uparrow$$
$$CaC_2 + H_2SO_4 \longrightarrow CaSO_4 + C_2H_2 \uparrow$$

由于以酸碱灭火器和泡沫灭火器喷射出来的喷液中，多少都会含有尚未作用的残酸，因此，用这类灭火剂来扑救遇水燃烧物质的火灾，犹如火上加油，会引起更大危险。

遇水燃烧物质引起的火灾应用干砂、干粉灭火剂、二氧化碳灭火剂等进行扑救。

（2）自燃性。有些遇水燃烧物质（如碱金属、硼氢化合物）放置于空气中即具有自燃性。有的遇水燃烧物质（如氰化钾）遇水能生成可燃气体，放出热量且具有自燃性。因此，这类遇水燃烧物质的储存必须与水及潮气等可靠隔离。由于锂、钠、钾、铷、铯和钠钾合金等金属不与煤油、汽油、石蜡等作用，所以，可把这些金属浸没于矿物油或液体石蜡等不吸水分物质中严密储存。采取这种措施就能使这些遇水燃烧物质与空气和水蒸气隔离，免除变质和发生危险。

（3）爆炸性。有些遇水燃烧物质（如电石等）由于与水作用生成可燃气体，与空气形成爆炸性混合物，或盛装遇水燃烧物质的容器由于气体膨胀或装卸，搬运的振动撞击，及受其他外界因素的影响，有发生爆炸的危险性，因此，装卸作业时不得翻滚、撞击、摩擦、倾倒等，必须轻装轻卸。如发现容器有鼓包等可疑现象，应及时妥当处理，将鼓包的电石桶移至室外，把桶内气体放出，修复后方可库存。

（4）其他。有的遇水燃烧物质（如磷化物）除易燃性外，还有毒性；有的虽然与水接触反应不很剧烈，放出的热量不足以使产生的可燃气着火，但遇外来火源还是有着火爆炸的危险性。因此，搬运场所应当通风散热良好并严禁火源接近。

3.4.2　自燃性物质

凡是无须明火作用，由于本身氧化反应或受外界温度、湿度的影响，就能升温达到自燃点而自行燃烧的物质，称为自燃性物质。

3.4.2.1　自燃性物质的分类

自燃性物质都是比较容易氧化的，在着火之前氧化作用是缓慢进行的，而着火时氧化反应是剧烈进行的。根据自燃的难易程度及危险性大小，自燃性物质可分为两级。

（1）一级自燃物质。此类物质与空气接触极易氧化，反应速度快；同时，它们的自燃点低，易于自燃，火灾危险性大，例如黄磷、铝铁溶剂等。

（2）二级自燃物质。此类物质与空气接触时氧化速度缓慢，自燃点较低，如果通风不良，积热不散也能引起自燃。例如油污、油布等带有油脂的物品。

3.4.2.2　自燃性物质的燃烧性质

自燃性物质由于化学组成不同，以及影响自燃的条件（如温度、湿度、助燃物、含油量、杂质、通风条件等）不同，因此有各自不同的特征。

（1）化学性质活泼、极易氧化而引起自燃的自燃性物质。例如黄磷，它是一种淡黄色蜡状半透明固体，非常容易氧化，自燃点很低，只有34℃左右，即使在通常温度下，置于空气中也能很快引起自燃，燃烧后生成五氧化二磷烟雾：

$$4P + 5O_2 \rightleftharpoons 2P_2O_5, \quad \Delta_r H_m^{\ominus} = + 3098.2J$$

五氧化二磷是有毒物质，遇水还能生成剧毒的偏磷酸。

由于黄磷不与水发生作用，所以通常都把黄磷浸没在水里储存和运输。如果在运输时发现包装容器破损渗漏，或水位减小不能浸没全部黄磷时，应立即加水并换装处理，否则会很快引起火灾。如遇有黄磷着火情况，可用长柄铁夹等工具把燃着的黄磷投入盛有水的桶中即可消除事故，但不可用高压水枪冲击着火的黄磷，以防被水冲散的黄磷扩大火势。

（2）化学性质不稳定、容易发生分解而导致自燃的自燃性物质。例如，硝化纤维及其制品，由于本身含有硝酸根（NO^{3-}），化学性质很不稳定，在常温下就能于空气中缓慢分解，阳光作用及受潮会加快氧化速度，析出一氧化氮（NO）。一氧化氮不稳定，会在空气中与氧化合生成二氧化氮，而二氧化氮会与潮湿空气中的水分化合生成硝酸或亚硝酸：

$$3NO_2 + H_2O \rightleftharpoons 2HNO_3 + NO$$

硝酸或亚硝酸会进一步加速硝化纤维及其制品的分解，放出的热量也就越来越多，当温度达到自燃点（120~160℃）时，即发生自燃。燃烧速度极快，并能产生有毒和刺激性气体。

硝化纤维及其制品着火时，可用泡沫和水进行扑救，但表面的火扑灭后，物质内部因有大量氧还会继续分解，仍有复燃的可能性，所以应及时将灭火后的物质深埋。

（3）分子具有高的键能、容易在空气中与氧产生氧化作用的自燃性物质。某些自燃性物质的分子中，含有较多的不饱和双键（—C═C—），因而在空气中容易与氧气发生氧化反应，并放出热量，如果通风不良，热量聚集不散，就会逐渐达到自燃点而引起自燃。例如，桐油的主要成分是桐油酸甘油酯，其分子含有3个双键，化学性质很不稳定，经制成油纸、油布、油绸等自燃性物质之后，桐油与空气中氧接触的表面积大大增加，在空气中缓慢氧化析出的热量增多，加上堆放、卷紧的油纸、油布、油绸等散热不良，造成积热不散，温度升高到自燃点而引起自燃，尤其是空气潮湿的情况下，更易促使自燃的发生。因此，自燃性物质中的二级自燃物质常用分格的透风笼箱作包装箱，目的是把自燃物品中经氧化而释放出的热量不断地散逸掉，不至于造成热量的聚积不散，避免发生自燃而引起火灾。

3.4.3 氧化剂

凡能氧化其他物质，亦即在氧化还原反应中得到电子的物质称为氧化剂。

在无机化学反应中，可以由电子的得失或化合价的变化来判断氧化还原反应。但在有机化学反应中，由于大多数有机化合物都是以共价键组成的，它们分子内的原子间没有明显的电子得失，很少有化合价的变化，所以，在有机化学反应中常把与氧的化合或失去氢的反应称为氧化反应，而将与氢的化合或失去氧的反应称为还原反应，把在反应中失去氧或获得氢的物质称为氧化剂。例如，过氧乙酸（氧化剂）和甲醛（还原剂）的化学反应。

3.4.3.1 氧化剂的分类

各种氧化剂的氧化性能强弱有所不同，有的氧化剂很容易得到电子，有的则不容易得到电子。氧化剂按化学组成分为无机氧化剂和有机氧化剂两大类。

（1）无机氧化剂。按氧化能力的强弱分为两级。

一级无机氧化剂主要是碱金属或碱土金属的过氧化物和盐类，如过氧化钠、高氯酸钠、硝酸钾、高锰酸钾等。这些氧化剂的分子中含有过氧基（—O—O—）或高价态元素（N^{5+}、Cl^{7+}、Mn^{7+}等），极不稳定，容易分解，氧化性能很强，是强氧化剂，能引起燃烧或爆炸。例如，过氧化钠遇水或酸的时候，便立即发生反应，生成过氧化氢；过氧化氢更容易分解为水和原子氧。其反应如下：

$$Na_2O_2 == Na_2O + [O] \qquad Na_2O_2 + 2H_2O == 2NaOH + H_2O_2$$

$$Na_2O_2 + H_2SO_4 == Na_2SO_4 + H_2O_2 \qquad H_2O_2 == H_2O + [O]$$

原子具有很强的氧化性，遇易燃物质或还原剂很容易引起燃烧或爆炸，如果不与其他物质作用，原子氧便自行结合，生成氧气：

$$[O] + [O] == O_2$$

氧气的助燃作用会引起火灾或爆炸。

二级无机氧化剂虽然也容易分解，但比一级氧化剂稳定，是较强氧化剂，能引起燃烧。除一级无机氧化剂外的所有无机氧化剂均属此类，如亚硝酸钠、亚氯酸、钠、连二硫酸钠、重铬酸钠、氧化银等。

（2）有机氧化剂。按照氧化能力的强弱分为两级。

一级有机氧化剂主要是有机物的过氧化物或硝酸化合物，这类氧化剂都含有过氧基（—O—O—）或高价态氮原子，极不稳定，氧化性能很强，是强氧化剂，如过氧化苯甲酰、硝酸胍等。

二级有机氧化剂是有机物的过氧化物，如过氧醋酸、过氧化环己酮等。这类氧化剂虽然也容易分解出氧，但化学性质比一级氧化剂稳定。

无机氧化剂和有机氧化剂中都有不少过氧化物类的氧化剂，有机氧化剂由于含有过氧基，受到光和热的作用容易分解析出氧，常因此发生燃烧和爆炸。例如，过氧化苯甲酰（$C_6H_5CO)_2O_2$ 受热、摩擦、撞击就发生爆炸，与硫酸能发生剧烈反应，引起燃烧并放出有毒气体。又如，硝酸钾受热时分解为亚硝酸钾和原子氧，遇易燃品或还原剂时容易发生燃烧或爆炸，并且还可以促使硝酸盐的进一步分解，从而扩大其危险性。原子氧在不进行其他反应时便立即自行结合为氧，硝酸钾的分解反应方程式如下：

$$2KNO_3 === 2KNO_2 + O_2\uparrow$$

氧化剂氧化性的强弱，对于元素来说，一般是非金属性越强，其氧化性就越强，因为非金属元素具有获得电子的能力，如 I_2、Br_2、Cl_2、F_2 等物质的氧化性依次增强；离子所带的正电荷越多，越容易获得电子，氧化性也就越强，如 4 价锡离子（Sn^{4+}）比 2 价锡离子（Sn^{2+}）具有更强的氧化性；化合物中若含有高价态的元素，则这个元素化合价越高，其氧化性就越强，如氨（NH_3）中的氮是−3价，亚硝酸钠（$NaNO_2$）中的氮是+3 价，硝酸钠（$NaNO_3$）中的氮是+5 价，则它们的氧化性依次增强。

3.4.3.2　危险性和防护

（1）危险性。

1）氧化性或助燃性。氧化剂具有强烈的氧化性能，在接触易燃物、有机物或还原剂时，能发生氧化反应，剧烈时会引起燃烧。

2）燃烧爆炸性。许多氧化剂，特别是无机氧化剂，当它们受热、撞击、摩擦等作用时，容易迅速分解，产生大量气体和热量，因此有引起爆炸的危险。大多数有机氧化剂是可以燃烧的，在遇明火或其他爆炸力作用下，容易引起火灾。

3）毒害性和腐蚀性。许多氧化剂不仅本身有毒，而且在发生变化后能产生毒害性气体，例如三氧化铬（铬酸酐）既有毒性也有腐蚀性。活泼金属的过氧化物、各种含氧酸等有很强的腐蚀性，能够灼伤皮肤和腐蚀其他物品。

（2）防护。氧化剂的防护措施主要有以下几方面：

1）氧化剂在储存和运输时，应防止受热、摩擦、撞击，还应注意通风降温，不摔碰、不拖拉、不翻滚、不剧烈摩擦，远离热源、电源等。

2）有些氧化剂遇水（如过氧化物遇水）、遇酸（如含氧酸盐遇酸）能降低它们的稳定性并增强其氧化性，对此类氧化剂在储运时应注意通风、防潮湿，并且与酸、碱、还原剂、可燃粉状物等隔离，防止发生火灾和爆炸。

3.4.4　爆炸性物质

凡是受到高热、摩擦、撞击或受到一定物质激发能在瞬间引起单分解或复分解的化学反应，并以机械功的形式在极短时间内放出能量的物质，统称为爆炸性物质。

3.4.4.1 分类

爆炸性物质按组成分为爆炸化合物和爆炸混合物两大类。

(1) 爆炸化合物。这类爆炸性物质具有一定的化学组成，它们的分子中含有一种爆炸基团（如叠氮化合物的爆炸基团—N—N＝N—，乙炔化合物的爆炸基—C＝C—等），这种基团很不稳定，容易被活化，当受到外界能量的作用时，它们的键很容易破裂，从而激发起爆炸反应。

(2) 爆炸混合物。它是由两种或两种以上的爆炸组分和非爆炸组分经机械混合而成的，例如硝铵炸药、黑色火药等。

爆炸性物质按用途可分为起爆药、爆破药、发射药和烟火剂四种。起爆药主要作为引爆剂，用来激发次级炸药的爆轰，其特点是感度较高，在很小的能量作用下就容易爆轰，而且从燃烧到爆炸的时间非常短。常用的起爆药有雷汞、叠氮铅和二硝基重氮酚。爆破药是用来破坏障碍物的炸药，对外力作用的感度较低，一般都需要起爆药来引爆。常用的爆破药有梯恩梯、黑索金、硝铵炸药等。发射药主要用作爆竹、枪弹或火箭的推进剂，它们的主要变化形式是迅速燃烧，如黑火药和硝化棉火药等。烟火剂是一些成分不定的混合物，其主要成分有氧化剂、可燃剂和显现颜色的添加剂。它们的主要变化形式是燃烧，在特殊情况下也能爆轰。常用的烟火剂有照明剂、信号剂、燃烧剂、发烟剂等，用来装填照明弹、燃烧弹、信号弹、烟幕弹等。

3.4.4.2 炸药的爆炸性能

炸药的爆炸性能主要有感度、威力、猛度、殉爆、安定性等。

(1) 感度。炸药的感度又称敏感度，是指炸药在外界能量（如热能、电能、光能、机械能及起爆能等）的作用下发生爆炸变化的难易程度，是衡量爆炸稳定性大小的一个重要标志。通常以引起爆炸变化的最小外界能量来表示，这个最小的外界能量习惯上称为引爆冲能。很显然，所需的引爆冲能越小，其敏感度越高；反之则越低。影响炸药敏感度的因素很多，主要有以下几种：

1) 化学结构。一般的规律是：炸药分子中爆炸基团越活泼、数目越多，其感度越大。如—O—NO_2、＝N—NO_2、—NO_2 的稳定性顺序为：—NO_2 > —N—NO_2 > —O—NO_2，所以炸药感度就表现为：硝酸酯 > 硝铵 > 硝基化合物。

2) 物态。这是指炸药所处的"相"状态。同一炸药在熔融状态的感度普遍要比固态高得多，这是因为炸药从固相转变为液相时要吸收熔化潜热，它的内能较高。另外，在液态时具有较高的蒸气压，很小的外界能量即可激发炸药爆炸，因此，在操作过程中应特别注意安全。

3) 温度。它能全面地影响炸药的感度，随着温度的升高，炸药的各种感度指标都升高。这是因为在高温下炸药的活化能降低了。极小的外界冲量即可使原子键破裂，引起爆炸变化。

4）密度。随着炸药密度的增大，其敏感度通常是降低的。这是由于密度增加后，孔隙率减小、结构结实，不易于吸收能量，这对热点的形成和火焰的传播是不利的。

5）细度。粉碎得很细的炸药，其敏感度提高，易于起爆。这是因为炸药颗粒越小，比表面越大，接受的冲击波能量越多，容易产生更多的热点，所以易于起爆。

6）杂质。它对炸药的感度有很大的影响，不同的杂质有不同的影响。一般来说，固体杂质，特别是硬度大、有尖棱和高熔点的杂质，如沙子、玻璃屑和某些金属粉末等，能增加炸药的感度。因为这种杂质能使外界冲击能量集中在尖棱上，形成强烈的摩擦中心面，产生热点。因此，在生产、储存和运输炸药时，一定要防止硬性杂质混入，还要防止撞击。相反，松软的或液态的杂质混入炸药，则降低其敏感度。因而在储运过程中，还要注意防止炸药受潮或雨淋，否则将使炸药失效、报废。

（2）威力。它是指炸药爆炸时做功的能力，亦即对周围介质的破坏能力。爆炸时产生的热量越大、气态产物生成量越多、爆温越高，其威力也就越大。

测定炸药的威力，通常采用铅柱扩大法。即以一定量（10g）的炸药，装于铅柱的圆柱形孔内爆炸，测量爆炸后圆柱形孔体积的变化，即用体积增量（单位：mL）作为炸药的威力数值。

（3）猛度。它是炸药在爆炸后爆轰产物对周围物体破坏的猛烈程度，用来衡量炸药的局部破坏能力。猛度越大，表示该炸药对周围介质的粉碎破坏程度越大。猛度的测量是用50g炸药放置在铅柱上，以铅柱在爆炸后被压缩而减小的高度数值（单位：mm）表示。

（4）殉爆。这是指当一个炸药药包爆炸时，可以使位于一定距离处，与其没有联系的另一个炸药药包也发生爆炸的现象。起始爆炸的药包称为主发药包，受它爆炸而爆炸的药包称为被发药包。因主发药包爆炸而引起被发药包爆炸的最大距离称为殉爆距离。引起殉爆的主要原因是主发药包爆炸而引起的冲击波的传播作用。离药包的爆炸点越近，冲击波的强度越高；反之，则冲击波的强度越弱。

（5）安定性。这是指炸药在一定储存期间内不改变其物理性质、化学性质和爆炸性质的能力。

民用机场建筑消防安全

根据不同的火灾危险性，对机场不同分区的防火设计提出不同要求，可使建筑的防火设计既利于节约投资，又利于确保安全。

4.1 建筑物构件的燃烧性能和耐火极限

4.1.1 建筑材料的燃烧性能及分级

在建筑物中使用的材料统称为建筑材料。建筑材料的燃烧性能是指其燃烧或遇火时所发生的一切物理和化学变化，这项性能由材料表面的着火性和火焰传播性、发热、发烟、炭化、失重，以及毒性生成物的产生等特性来衡量。我国国家标准《建筑材料燃烧性能分级》（GB 8624—2012）将建筑材料的燃烧性能分以下几种等级：

A 级：不燃性建筑材料；B1 级：难燃性建筑材料；B2 级：可燃性建筑材料；B3 级：易燃性建筑材料。

4.1.2 建筑构件的燃烧性能

建筑物是由建筑构件组成的，诸如基础、墙壁、柱、梁、板、屋顶、楼梯等建筑构件是由建筑材料构成，其燃烧性能取决于所使用建筑材料的燃烧性能，我国将建筑构件的燃烧性能分为三类。

4.1.2.1 不燃烧体（非燃烧体）

金属、砖、石、混凝土等不燃性材料制成的构件，称为不燃烧体（以前也称非燃烧体）。这种构件在空气中遇明火或高温作用下不起火、不微燃、不炭化。如砖墙、钢屋架、钢筋混凝土梁等构件都属于非燃烧体，常被用作承重构件。

4.1.2.2 难燃烧体

用难燃性材料制成的构件或用可燃材料制成而用不燃性材料作保护层制成的构件。其在空气中遇明火或在高温作用下难起火、难微燃、难炭化，且当火源移开后燃烧和微燃立即停止。如沥青混凝土，水泥刨花板等。

4.1.2.3 燃烧体

用可燃性材料制成的构件。这种构件在空气中遇明火或在高温作用下会立即起火或发生微燃，而且当火源移开后，仍继续保持燃烧或微燃。如木柱、木屋架、木梁、木楼梯、木格栅、纤维板吊顶等构件都属于燃烧体构件。

4.1.3 建筑构件的耐火极限

4.1.3.1 火灾标准升温曲线

建筑构件的耐火极限是指构件在标准耐火试验中，从受到火的作用时起，到失去稳定性、完整性或绝热性能的这段抵抗火作用的时间，一般以小时计。

建筑物发生火灾时，其内部的温度是随着时间变化的，分别取时间和温度作为横、纵坐标，即可绘制出火灾过程中的时间-温度曲线。在实际的火灾中，每一起火灾的时间-温度曲线是各不相同的，但为了对建筑构件进行耐火实验，进而对其耐火极限进行度量，必须人为规定一种能反映、模拟一般火灾规律的标准温升条件，把它绘制成曲线，称为时间温度标准曲线。

对构件进行标准耐火试验，测定其耐火极限是通过燃烧试验炉进行的。耐火试验采用明火加热，使试验构件受到与实际火灾相似的火焰作用。为了模拟一般室内火灾的全面发展阶段，试验时，炉内温度随时间推移而上升并按下列关系式控制：

$$T - T_0 = 345\lg(8t + 1) \tag{4-1}$$

式中　t——试验经历的时间；

　　T——在 t 时间时的炉内温度，℃；

　　T_0——试验开始时的炉内温度，℃，T_0 应在 5~40℃ 范围内。

式（4-1）表示的曲线称为火灾标准升温曲线，如图 4-1 所示。

图 4-1　火灾标准升温曲线

4.1.3.2　耐火极限的概念和判定条件

对任一建筑构件按时间温度标准曲线进行耐火实验，从受到火的作用时起，到失去支持能力或完整性被破坏或失去绝热作用时止的这段时间称为耐火极限，以小时表示。

耐火极限的判定条件：（1）失去完整性；（2）失去绝热性；（3）失去承载能力和抗变形能力。

4.1.3.3　影响耐火极限的因素

（1）材料的燃烧性能。材料的燃烧性能好，构件耐火极限就低。

（2）构件的截面尺寸。构件的截面尺寸大，构件的耐火极限就高。

（3）保护层的厚度。构件的保护层厚，构件的耐火极限就高。

4.2　建筑物的耐火等级

4.2.1　耐火等级

4.2.1.1　建筑物耐火等级的划分基准和依据

为了保证建筑物的安全，必须采取必要的防火措施，使之具有一定的耐火性，即使发生了火灾也不至于造成太大的损失，通常用耐火等级来表示建筑物具有的耐火性。一座建筑物的耐火等级不是由一两个构件的耐火性决定的，是由组成建筑物的所有构件的耐火性决定的，即是由组成建筑物的墙、柱、梁、楼板等主要构件的燃烧性能和耐火极限决定的。

我国现行规范选择楼板作为确定耐火极限等级的基准，因为对建筑物来说楼板是最具代表性的一种至关重要的构件。在制定分级标准时首先确定各耐火等级建筑物中楼板的耐火极限，然后将其他建筑构件与楼板相比较，在建筑结构中所占的地位比楼板重要的，可适当提高其耐火极限要求；否则反之。根据我国国情，并参照其他国家的标准，《建筑设计防火规范》（GB 50016—2014）将建筑物的耐火等级分为一、二、三、四级，一级最高，四级最低。

确定建筑物耐火等级的目的，主要是使不同用途的建筑物具有与之相适应的耐火性能，从而实现安全与经济的统一。确定建筑物的耐火等级的依据主要有以下几个方面：（1）建筑物的火灾危险性；（2）建筑物的火灾荷载；（3）建筑物的重要性；发生火灾的政治影响、可能造成的人员伤亡及经济损失。

4.2.1.2　建筑物的耐火等级

《建筑设计防火规范》规定的工业与民用建筑物构件的燃烧性能和耐火极限见表4-1。

表 4-1 建筑物构件的耐火等级

构件名称	燃烧性能和耐火极限/h			
	一级	二级	三级	四级
承重墙，楼梯间、电梯井的墙	非燃烧体 3.00	非燃烧体 2.50	非燃烧体 2.50	非燃烧体 0.50
支承多层的柱	非燃烧体 3.00	非燃烧体 2.50	非燃烧体 2.50	非燃烧体 0.50
支承单层的柱	非燃烧体 2.50	非燃烧体 2.00	非燃烧体 2.00	非燃烧体
梁	非燃烧体 2.00	非燃烧体 1.50	非燃烧体 1.00	非燃烧体 0.50
楼板	非燃烧体 1.50	非燃烧体 1.00	非燃烧体 0.50	非燃烧体 0.25
吊顶（包括吊顶搁栅）	非燃烧体 0.25	非燃烧体 0.25	非燃烧体 0.15	非燃烧体
屋顶的承重构件	非燃烧体 1.50	非燃烧体 0.50	非燃烧体	非燃烧体
疏散楼梯	非燃烧体 1.50	非燃烧体 1.00	非燃烧体 1.00	非燃烧体
框架充填墙	非燃烧体 1.00	非燃烧体 1.00	非燃烧体 0.50	非燃烧体 0.25
隔墙	非燃烧体 0.75	非燃烧体 0.50	非燃烧体 0.50	非燃烧体 0.25
防火墙	非燃烧体 4.00	非燃烧体 4.00	非燃烧体 4.00	非燃烧体 4.00

注：1. 以木柱承重且以非燃烧材料作为墙体的建筑物，其耐火等级应按四级确定。

2. 高层工业建筑的预制钢筋混凝土装配式结构，其节点缝隙或金属承重构件节点的外露部位，应做防火保护层，其耐火极限不应低于本表中相应构件的规定。

3. 二楼耐火等级的建筑物吊顶，如采用非燃烧体时，其耐火极限不限。

4. 在级耐火等级的建筑中，面积不超过100m² 的房间隔墙，如执行本表的规定有困难时，可采用耐火极限不低于 0.3h 的非燃烧体。

5. 一、二级耐火等级民用建筑疏散通道两侧的隔墙，按本表规定执行有困难时，可采用 0.75h 非燃烧体。

6. 建筑构件的燃烧性能和耐火极限，可按《建筑设计防火规范》附录二确定。

4.2.2 建筑物中库房的耐火等级，层数和占地面积

库房是物资集中的地方，在设计库房时，要按照储存物品的火灾危险性类别及储存要求，慎重地选择库房建筑的耐火等级，进而在此基础上采取其他防火技术措施。《建筑设计防火规范》中的具体要求见表 4-2，库房的耐火等级、层数和占地面积见表 4-3。

表 4-2 库房的耐火等级、层数和占地面积

生产类别	耐火等级	最多允许层数	防火分区最大允许占地面积/m²			
			单层厂房	多层厂房	高层厂房	厂房的地下室和半地下室
甲	一级	除生产必须采用多层者外，宜采用单层	4000	3000	—	—
	二级		3000	2000	—	—
乙	一级	不限	5000	4000	2000	—
	二级	6	4000	3000	1500	—
丙	一级	不限	不限	6000	3000	500
	二级	不限	8000	4000	2000	500
	三级	2	3000	2000	—	—
丁	一、二级	不限	不限	不限	4000	1000
	三级	3	4000	2000	—	—
	四级	1	1000	—	—	—
戊	一、二级	不限	不限	不限	6000	1000
	三级	3	5000	3000	—	—
	四级	1	1500	—	—	—

注：1. 防火分区间应用防火墙分隔。一、二级耐火等级的单层厂房（甲类厂房除外）如面积超过本表规定，设置防火墙有困难时，可用防火水幕带或防火卷帘加水幕分隔。

    2. 一级耐火等级的多层及二级耐火等级的单层、多层纺织厂房（麻纺厂除外）可按本表的规定增加 50%，但上述厂房的原棉开包、清花车间均应设防火墙分隔。

    3. 一、二级耐火等级的单层、多层造纸生产联合厂房，其防火分区最大允许占地面积可按本表的规定增加 1.5 倍。

    4. 甲、乙、丙类厂房装有自动灭火设备时，防火分区最大允许占地面积可按本表的规定增加 1 倍；丁、戊类厂房装有自动灭火设备时，其占地面积不限，局部设置时，增加面积可按该局部面积的 1 倍计算。

    5. 一、二级耐火等级的容物仓工作塔，每层人数不超过 2 人时，最多允许层数可不受本表限制。

表 4-3　库房的耐火等级、层数和建筑面积

储存物品类别	耐火等级	最多允许层数	最大允许占地面积/m²						
			单层库房		多层库房		高层库房		库房的地下室和半地下室
			每座库房	防火墙间	每座库房	防火墙间	每座库房	防火墙间	防火墙间
甲	一级	1	180	60	—	—	—	—	
	一、二级	1	750	250	—	—	—	—	
乙	一、二级	3	2000	500	900	300	—	—	
	三级	1	500	250	—	—	—	—	
丙	一、二级	5	4000	1000	2800	700			150
	三级	1	1200	400	—	—	—	—	
	一、二级	不限	600	1500	4800	1200	4000	1000	300
	三级	3	2100	700	1200	400	—	—	
丁	一、二级	不限	不限	3000	不限	1500	4800	1200	500
	三级	3	3000	1000	1500	500	—	—	
	四级	1	2100	700	—	—	—	—	
戊	一、二级	不限	不限	不限	不限	200	6000	1500	1000
	三级	3	3000	1000	2100	700	—	—	
	四级	1	2100	700	—	—	—	—	

注：1. 高层库房、高架仓库和筒仓的耐火等级不应低于二级。储存特殊贵重物品的库房，其耐火等级宜为一级。

2. 独立建造的硝酸铵库房、电石库房、聚乙烯库房、尿素库房、配煤库房以及车站、码头、机场内的中转仓库，其占地面积可按本表的规定增加 1 倍，但耐火等级不应低于二级。

3. 装有自动灭火设备的库房，其占地面积可按本表及注 2. 的规定增加 1 倍。

4. 石油库内桶装油品库房面积可按《石油库设计规范》执行。

5. 煤均化库防火分区最大允许建筑面积可为 12000m²，但耐火等级不应低于二级。

6. 占地面积均指建筑面积。

4.3　防火分隔

4.3.1　防火分区

4.3.1.1　防火分区的概念

所谓防火分区是指采用防火分隔措施划分出的、能在一定时间内防止火灾向同一建筑物的其余部分蔓延的局部区域（空间单元）。在建筑物内采用划分防火

分区这一措施，可以在建筑物一旦发生火灾时，有效地把火势控制在一定的范围内，减少火灾损失；同时可以为人员安全疏散、消防扑救提供有利条件。

按照防止火灾向防火分区以外扩大蔓延的功能，防火分区可分为两类，其一是竖向防火分区，用以防止多层或高层建筑物层与层之间竖向发生火灾蔓延；其二是水平防火分区，用以防止火灾在水平方向扩大蔓延。

竖向防火分区是指用耐火性能较好的楼板及窗间墙（含窗下墙），在建筑物的垂直方向对每个楼层进行的防火分隔。

水平防火分区是指用防火墙或防火门，防火卷帘等防火分隔物将各楼层在水平方向分隔出的防火区域。它可以阻止火灾在楼层的水平方向蔓延。防火分区一般应用防火墙分隔。如确有困难时，可采用防火卷帘加冷却水幕或闭式喷水系统，或采用防火分隔水幕分隔。

从防火的角度看，防火分区划分得越小，越有利于保证建筑物的防火安全。防火分区面积大小的确定应考虑建筑物的使用性质，重要性、火灾危险性、建筑物高度、消防扑救能力以及火灾蔓延的速度等因素。

4.3.1.2 防火分区的划分

（1）库房每个防火墙间面积及最大允许占地面积应符合表4-4的要求。

（2）高层库房防火分区的划分。高层库房是指建筑高度超过24m的二层及二层以上的库房，甲、乙类物品及丙类可燃液体不应储存在高层库房内。高层库房的耐火等级不应低于二级。

4.3.2 防火分隔物

4.3.2.1 防火分隔物的概念

防火分隔物是指能在一定时间内阻止火势蔓延，且能把建筑物内部空间分隔成若干小防火空间的物体。

常用防火分隔物有防火墙、防火门、防火卷帘、防火水幕带、防火阀和排烟防火阀等。

4.3.2.2 防火墙

防火墙是由不燃烧材料构成的，为减小或避免建筑、结构、设备遭受热辐射危害和防止火灾蔓延，设置的竖向分隔体，或直接设置在建筑物基础上或钢筋混凝土框架上具有耐火性的墙。防火墙是防火分区的主要建筑构件。通常防火墙有内防火墙、外防火墙和室外独立墙几种类型。

4.3.2.3 防火门

防火门是指在一定时间内，连同框架能满足耐火稳定性、完整性和隔热性要求的门。它是设置在防火分区间、疏散楼梯间、垂直竖井等且具有一定耐火性的活动的防火分隔物。防火门除具有普通门的作用外，更重要的是还具有阻止火势蔓延和烟气扩散的特殊功能。它能在一定时间内阻止或延缓火灾蔓延，确保人员安全疏散。

4.3.2.4　防火窗

防火窗是指在一定的时间内，连同框架能满足耐火稳定性和耐火完整性要求的窗。防火窗一般安装在防火墙或防火门上。防火窗的分类，按安装方法可分为固定窗扇防火窗和活动窗扇防火窗。防火窗的作用，一是隔离和阻止火势蔓延，此种窗多为固定窗；二是采光，此种窗有活动窗扇，正常情况下可以采光通风，火灾时起防火分隔作用。活动窗扇的防火窗应具有手动和自动关闭功能。

4.3.2.5　防火卷帘

防火卷帘是指在一定时间内，连同框架能满足耐火稳定性和耐火完整性要求的卷帘。防火卷帘是一种活动的防火分隔物，平时卷起放在门窗上口的转轴箱中，起火时将其放下展开，用以阻止火势从门窗洞口蔓延。防火卷帘设置部位一般在消防电梯前室，自动扶梯周围，中庭与每层走道、过厅、房间相通的开口部位，代替防火墙需设置防火分隔设施的部位等。

4.3.2.6　防火阀

防火阀是指在一定时间内能满足耐火稳定性和耐火完整性要求，用于通风、空调管道内阻火的活动式封闭装置。

4.3.3　中庭防火分隔

中庭是建筑中由上下楼层贯通形成的一种共享空间。中庭空间具有以下几方面特点：

（1）在建筑物内部，上下贯通多层空间。

（2）多以顶棚或外墙的一部分采用钢结构和玻璃，使阳光充满内部空间。

（3）中庭空间的用途不确定。

4.3.3.1　中庭建筑的火灾危险性

设计中庭的建筑最大的问题是发生火灾时，其防火分区被上下贯通的大空间破坏。因此，当中庭防火设计不合理或管理不善时，有火灾急速扩大的可能性，其危险在于：

（1）火灾不受限制地急剧扩大。中庭空间一旦失火，属于"燃料控制型"燃烧，因此很容易使火势迅速扩大。

（2）烟气迅速扩散。由于中庭空间形似烟囱，因此易产生烟囱效应。若在中庭下层发生火灾，烟火易于进入中庭；若在上层发生火灾，中庭空间未考虑排烟时，就会向下部楼层扩散，进而扩散到整个建筑物。

（3）疏散危险。由于烟气在多层楼迅速扩散，楼内人员会产生恐惧心理，争先恐后逃生，极易出现伤亡。

（4）自动喷水灭火设备难启动。中庭空间的顶棚很高，因此采取普通的火灾探测和自动喷水灭火装置等方法不能达到火灾早期探测和初期灭火的效果。即使在顶棚下设置了自动洒水喷头，由于太高，温度达不到额定值，洒水喷头也无法启动。

（5）灭火和救援活动可能受到的影响：

1）可能出现要同时在几个楼层进行灭火的状况。

2）消防队员不得不逆疏散人流的方向进入火场。

3）火灾迅速多方位扩大，消防队难以围堵、扑灭火灾。

4）火灾时，顶棚和壁面上的玻璃因受热破裂而散落，对扑救人员造成威胁。

5）建筑物中庭的用途不确定，可能增加大量的可燃物，如临时舞台、照明设施座位等，将会加大火灾发生的概率，加大火灾时疏散人员的难度。

4.3.3.2　中庭建筑火灾的防火设计要求

在建筑物内设置中庭时，防火分区的建筑面积应按上下层相连通的建筑面积叠加计算。当中庭相连通的建筑面积之和大于一个防火分区的最大允许建筑面积时，应符合下列规定：

（1）中庭应与周围相连通的空间进行防火分隔。采用防火隔墙时，其耐火极限不应低于 1.00h。采用防火玻璃墙时，其耐火隔热性和耐火完整性不应低于 1.00h。采用耐火完整性不低于 1.00h 的非隔热性防火玻璃墙时，应设置自动喷水灭火系统保护；采用防火卷帘时，其耐火极限不应低于 3.00h，并应符合卷帘分隔的相关规定；与中庭相连通的门、窗，应采用火灾时能自行关闭的甲级防火门、窗。

（2）高层建筑内的中庭回廊应设置自动喷水灭火系统和火灾自动报警系统。

（3）中庭应设置排烟设施。

（4）中庭内不应布置可燃物。

4.4　防火间距

所谓防火间距就是当一幢建筑物起火时，其他建筑物受热辐射的作用，没用任何保护措施时，不会起火的最小距离。

4.4.1　影响防火间距的因素

火灾不仅能在建筑物内部蔓延，而且还可能向相接甚至相隔一段距离的建筑物蔓延，造成火灾蔓延的主要因素有以下几种：

（1）辐射热。辐射热是影响防火间距的主要因素，辐射热的传导作用范围较大，在火场上火焰温度越高，辐射热强度越大，引燃一定距离内的可燃物时间也越短。辐射热伴随着热对流和飞火则更危险。

（2）热对流。这是火场冷热空气对流形成的热气流，热气流冲出窗口，火焰向上升腾而扩大，火势蔓延。由于热气流离开窗口后迅速降温，故热对流对邻近建筑物来说影响较小。

（3）建筑物外墙开口面积。建筑物外墙开口面积越大，火灾时在可燃物的质和量相同的条件下，由于通风好、燃烧快、火焰强度高，辐射热强，相邻建筑物接受辐射热也较多，容易引起火灾蔓延。

（4）建筑物内可燃物的性质、数量和种类。可燃物的性质、种类不同，火焰温度也不同。可燃物的数量与发热量成正比，与辐射热强度也有一定关系。

（5）风速。风的作用能加强可燃物的燃烧并促使火灾加快蔓延。

（6）相邻建筑物高度的影响。相邻的两栋建筑物，当较低的建筑着火，尤其当火灾发生时它的屋顶结构倒塌，火焰蹿出时，对相邻的较高的建筑危险很大。因此，较低建筑物对较高建筑物的辐射角在 30°～45°之间时，辐射热强度最大。

（7）建筑物内消防设施的水平。如果建筑物内火灾自动报警和自动灭火设备完整，不但能有效地防止和减少建筑物本身的火灾损失，而且还能减小对相邻建筑物蔓延的可能。

（8）灭火时间的影响。火场中的火灾温度随燃烧时间有所增长。火灾延续时间越长，辐射热强度也会越大，对相邻建筑物蔓延的可能性越大。

4.4.2　确定防火间距的基本原则

影响防火间距的因素很多，除考虑建筑物的耐火等级、建（构）筑物的使用性质、生产或储存物品的火灾危险性等因素外，还应考虑到消防人员能够及时到达并迅速扑救这一因素。通常根据下述情况确定防火间距：

（1）热辐射的作用。火灾资料表明，一、二级耐火等级的低层民用建筑，保持 7～10m 的防火间距，在有消防队进行扑救的情况下，一般不会蔓延到相邻的建筑物。

（2）灭火作战的实际需要。建筑物的建筑高度不同，需使用的消防车也不同。对低层建筑，普通消防车即可；而对高层建筑，则还要使用曲臂、云梯等登高消防车。为此，考虑登高消防车操作场地的要求，也是确定防火间距的因素之一。

（3）节约用地。在进行总平面规划时，既要满足防火要求，又要考虑节约用地。在有消防扑救的条件下，应以能够阻止火灾向相邻建筑物蔓延为原则。

4.4.3 库房的防火间距

（1）甲类物品库房之间的防火间距不应小于 20m。乙、丙、丁、戊类物品库房之间的防火间距不应小于表 4-4 的规定。

（2）高层库房之间以及高层库房与其他建筑之间的防火间距应按表 4-4 的要求增加 3m，单层、多层戊类库房之间的防火间距可按表 4-4 的要求减少 2m。

（3）甲类物品库房与其他建筑物的防火间距不应小于表 4-4 的规定。乙、丙、丁、戊类物品库房与其他建筑之间的防火间距、与甲类物品库房的防火间距按表 4-4 的规定执行；与甲类厂房之间的防火间距应按表 4-4 的规定增加 2m。

（4）乙类物品库房（乙类 6 项物品除外）与重要的公共建筑之间的防火间距不宜小于 30m，与其他民用建筑不宜小于 25m。

（5）室外变、配电站与建筑物、堆物、储罐之间的防火间距不应小于表 4-4 的规定。

（6）储罐、堆场与建筑物的防火间距不应小于表 4-5 中的规定。

表 4-4　室外变、配电站与建筑物、堆场、储罐之间的防火间距　　（m）

项　　目			变压器总油量/t		
			5～10	10～50	>50
			防火间距		
民用建筑	耐火等级	一、二级	15	20	25
		三级	20	25	30
		四级	25	30	35
丙丁戊类厂房及库房		一、二级	12	15	20
		三级	15	20	25
		四级	20	25	30
甲乙类厂房			25		
甲乙类库房	储量不超过 10t 的甲类 1256 项物品和乙类物品		25		
	储量不超过 5t 的甲类 34 项物品和储量超过 10t 的甲类 1256 项物品		30		
	储量超过 5t 的甲类三四项物品		40		
稻草，麦秸，芦苇等易燃材料堆场			50		

续表 4-4

项　目	总储量/m³	间距/m
甲乙类液体储罐	1~50	25
	51~200	30
	201~1000	40
	1001~5000	50
丙类液体储罐	5~250	25
	251~1000	30
	1001~5000	40
	5001~25000	50
液化石油气储罐	<10	35
	11~30	40
	31~200	50
	201~1000	60
	1001~2500	70
	2501~5000	80
湿式可燃气体储罐	≤1000	25
	1001~10000	30
	10000~50000	35
	>50000	40
湿式氧化储罐	≤1000	25
	1001~50000	30
	>50000	35

注：1. 防火间距应从建筑物，堆场，储罐最近的变压器外壁算起，但室外变、配电构架距堆场、储罐和甲乙类厂房的距离不宜小于25m，距其他建筑物的距离不宜小于10m。

2. 本条的室外变、配电站，是指电力系统电压为35~500kV，且每台变压器容量在10000kV·A以上的室外变、配电站，以及工业企业的变压器总油量超过5t的室外总降压变电站。

3. 发电厂内的主要变压器，其油量可按单台确定。

4. 干式可燃气体储罐的防火间距应按本表湿式可燃气体储罐增加25%。

表 4-5　储罐、堆场与建筑物的防火间距　　　　　　　（m）

名称	一个罐区、堆场总储量/m³	耐火等级		
		一、二级	三级	四级
易燃液体	1~50	12	15	20
	51~200	15	20	25
	20~1000	20	25	30
	1001~5000	25	30	40

名称	一个罐区、堆场总储量/m³	耐火等级/m		
		一、二级	三级	四级
可燃液体	5~250	12	15	20
	251~1000	15	20	25
	1001~5000	20	25	30
	5001~25000	25	30	40

注：1. 防火间距应从建筑物最近的储罐外壁、堆垛外缘算起，但储罐防火堤外侧基脚至建筑物的距离不应小于 10m。

2. 甲乙丙类液体的固定顶储罐区、半露天堆场和乙丙类液体堆场与甲类厂库房以及民用建筑的防火间距，应按本表的规定增加 25%。但甲乙类液体储罐区、半露天堆场和乙丙类液体的堆场与上述建筑物的防火间距不应小于 25m，与明火或散发火花地点的防火间距，应按本表四级建筑的规定增加 25%。

3. 浮顶储罐和闪点大于 120℃的液体储罐与建筑物的防火间距，可按本表的规定减小 25%。

4. 一个单位如有几个储罐区时，储罐区之间的防火间距不应小于本表相应储量储罐与四级建筑的较大值。

5. 石油库的储罐与建筑物，构筑物的防火间距可按《石油库设计规范》的有关规定执行。

4.5 防烟技术

烟气是物质燃烧和热解的产物。火灾过程所产生的气体、剩余空气和悬浮在气体中的微粒的总和称为烟气。烟气的成分性质和危害性在前面已讨论了，下面只研究防烟的技术措施。

4.5.1 防火和防烟分区

4.5.1.1 防烟分区的概念

防烟分区是为有利于建筑物内人员安全疏散与有组织排烟而采取的技术措施。防烟分区使烟气集于设定空间，通过排烟设施将烟气排至室外。其目的在于：为安全疏散创造有利条件；为消防扑救火灾创造有利条件；控制火势蔓延扩大，减小火灾造成的损失。

防烟分区范围是指以屋顶挡烟隔板、挡烟垂壁或从顶棚向下突出不小于 500mm 的梁为界，从地板到屋顶或吊顶之间的规定空间。

屋顶挡烟隔板是指设在屋顶内，能对烟和热气的横向流动造成障碍的垂直分隔体。挡烟垂壁是指用不燃烧材料制成，从顶棚下垂不小于 500mm 的固定或活动的挡烟设施。活动挡烟垂壁系指火灾时因感温、感烟或其他控制设备的作用，自动下垂的挡烟垂壁。固定式挡烟板与活动式挡烟板如图 4-2 和图 4-3 所示。

图 4-2　固定式挡烟板　　　　　　图 4-3　活动式挡烟板

4.5.1.2　防烟分区的作用

大量资料表明，火灾现场人员伤亡的主要原因是烟害。发生火灾时首要任务是把火场上产生的高温烟气控制在一定的区域之内，并迅速排出室外。为此，在设定条件下必须划分防烟分区。设置防烟分区主要是保证在一定时间内，使火场上产生的高温烟气不致随意扩散，并进而加以排除，从而达到有利于人员安全疏散，控制火势蔓延和减小火灾损失的目的。

4.5.1.3　防烟分区的设置原则和方法

设置防烟分区时，如果面积过大，会使烟气波及面积扩大，增加受灾面，不利于安全疏散和扑救；如果面积过小，不仅影响使用，还会提高工程造价。一般遵循如下原则：不设排烟设施的房间（包括地下室）和走道，不划分防烟分区；防烟分区不应跨越防火分区；对有特殊用途的场所，如地下室、防烟楼梯间、消防电梯、避难层等，应单独划分防烟分区；防烟分区一般不跨越楼层，某些情况下，如 1 层面积过小，允许包括 1 个以上的楼层，但以不超过 3 层为宜；每个防烟分区的面积，对于高层民用建筑和其他建筑（含地下建筑和人防工程），其建筑面积不宜大于 500m²；当顶棚（或顶板）高度在 6m 以上时，可不受此限制。此外，需设排烟设施的走道、净高不超过 6m 的房间应采用挡烟垂壁、隔墙或从顶棚突出不小于 0.5m 的梁划分防烟分区，梁或垂壁至室内地面的高度不应小于 1.8m。

防烟分区一般根据建筑物的种类和要求不同，可按其用途、面积、楼层划分。

4.5.2　防烟方式

防烟方式归纳起来有非燃化防烟、密闭防烟、阻碍防烟和加压送风防烟几种方式：

（1）非燃化防烟。防烟的基本做法首先是非燃化。非燃化防烟是从根本上杜绝烟源的一种防烟方式。关于非燃化的问题，各国都制定了专门的法规或规范，对包括建筑材料、室内家具材料以及各种管道及其保温绝热材料在内的各种材料的燃化都做了明确规定，特别是对那些特殊建筑、大型建筑、地下建筑等场所，要求是非常严格的。非燃烧材料的特点是不容易发烟，即不燃烧且发烟量很少，所以非燃材料可使火灾时产生的烟气量大大减少，烟气光学浓度大大降低。

（2）密闭防烟方式。对发生火灾的房间实行密闭防烟也是防烟的一种基本方式，其原理是采用密封性能很好的墙壁等将房间封闭起来，并对进出房间的气流加以控制。房内一旦起火，一般可杜绝新鲜的空气流入，使着火房间内的燃烧因缺氧而自行熄灭，从而达到防烟灭火的目的。

这种方式一般适用于防火分区容易分得很细的住宅公寓、旅馆等，并优先用于容易发生火灾的房间，如灶房等。这种方式的优点是不需要动力，而且效果很好；缺点是门窗等经常处于关闭状态，使用不方便，而且发生火灾时，如果房间内有人需要疏散，仍将引起漏烟。

（3）阻碍防烟方式。在烟气扩散流动的路线上设置各种阻碍，以防止烟气继续扩散的方式称为阻碍防烟方式。这种方式常常用在烟气控制区域的交界处，有时在同一区域内也采用。防烟卷帘、防火门、防火阀、防烟垂壁等都是这种阻碍结构。

（4）机械加压防烟方式。在建筑物发生火灾时，对着火区以外的区域进行加压送风，使其保持一定的正压，以防止烟气侵入的防烟方式称为加压防烟。因为加压区域和非加压区域之间有若干常规的挡烟物，如墙壁、楼板及门窗等，挡烟物两侧的压力差可有效地防止烟气通过门窗周围的缝隙和围护结构缝隙渗漏过来。发生火灾时，由于疏散和扑救的需要，加压区域之间的门总是要打开的，或者是在疏散期间打开，或者是在整个火灾期间打开。如果敞开门洞处的气流速度方向与烟气流向相反，当气流速度达到一定值时，仍能有效阻止烟气，即阻止烟气向非加压的着火区流动。如图 4-4 和图 4-5 所示。

图 4-4　挡烟板两侧的压差及气体流动

图 4-5　在走廊内用空气流防止烟气逆流

加压防烟方式的优点是能有效地防止烟气侵入所控制的区域，而且由于送入大量的新鲜空气，特别适合于作为疏散通道的楼梯间、电梯间及前室的防烟。

4.5.3 排烟方式

4.5.3.1 自然排烟方式

自然排烟是利用火灾产生的烟气流的浮力和外部风力作用，通过建筑物的对外开口把烟气排至室外的排烟方式，实质是热烟气和冷空气的对流运动。在自然排烟时，必须有冷空气的进口和热烟气的排出口。烟气排出口可以是建筑物的外窗，也可以是专门设置在侧墙上部的排烟口。对高层的建筑来说，曾一度采用专用的通风排烟竖井。在平时，由于建筑物内空气温度一般比室外高，产生浮力，使气流上升，便于房间排气；发生火灾时，由于室内温度较大幅度上升，室内外温差较大，形成烟囱效应，成为排烟的一种动力，常称为烟塔排烟方式。这种方式由于利用了竖井的"烟囱效应"，产生抽风力，所以排烟效果好，它不受室外条件的影响，而且设备简单，不需要动力。如果考虑了竖井的耐热问题，可排除较高温度的烟气，因此得到了一定的应用。这种方式的主要缺点是占地面积大。

4.5.3.2 机械排烟方式

（1）全面通风排烟方式。在对房间利用排烟机进行机械排烟的同时利用送风机进行机械送风，这种方式称为全面通风排烟方式。由于这种机械排烟方式给控制区送了大量的新鲜空气，为避免产生助燃的影响，它不适用于着火区，可用于非着火的有烟区。系统运行时可使系统的送风量稍大于排烟量，使控制区稍微正压。这种方式的优点是防烟排烟效果好，而且稳定，不受任何气象条件的影响，从而确保控制区域的安全；缺点是需要送、排风两套机械设备，投资较高，耗电量也较大。

（2）负压机械排烟方式。利用排烟机把着火房间中产生的烟气通过排烟口排到室外的排烟方式称为负压排烟方式。在火灾发展初期，这种排烟方式能使着火房间内压力下降，造成负压，烟气不会向其他区域扩散。但火灾猛烈发展阶段，由于烟气大量产生，排烟机如果来不及把其完全排除，烟气就可能扩散到其他区域中去；另外排烟机要求能承受高温烟气，而且还需要设防火阀，在超温时自动关闭停止排烟，所以，不仅投资高，而且日常维护管理费用也高。

4.5.3.3 喷雾水流排烟

喷雾水流排烟是一种既方便又有效的排烟手段和方法。这种方法既有利于灭火，又能净化空气，还能减轻烟气对消防员的危害。使用时，一般要求是，选择在进风口的一面设置喷雾水枪，下风口的一面为排烟口，并注意在排烟口附近设置一定水枪保护，方可实施排烟。喷雾水流排烟的技术要求比较高。在走廊内排烟时，喷雾水流应将走廊的截面积全部遮住，阻止烟气的倒流；排烟时应逐步推进。在房间内排烟时，应以房间的入口处作喷雾前端，要求在能全部覆盖入口的位置上固定水枪，进入室内要注意形成负压，以防烟火倒流。如在面积较大的空间排烟时，应充分利用防火分隔物，依托防火分隔物缩小进风口横截面积，然后喷射水流。对于排烟一侧，须将开口部位全部开放。

4.5.4 隔烟设施

在防烟分区的区域边界上设置烟气阻隔设施，形成围挡，使烟气不能越过阻碍物继续流动。在火灾发展初期，烟气阻隔设施对阻止烟气的水平扩散十分有效。若及时启动排烟装置，烟气可以有效地控制在该区域；若不能及时排烟，烟气越聚越多，烟气层厚度增大，将越过阻隔装置向外扩散。用于阻隔烟气水平方向扩散的装置有挡烟垂壁和挡烟梁两类。挡烟垂壁通常有防烟卷帘、活动式挡烟板、固定式挡烟板等。

4.6 安 全 疏 散

4.6.1 民用机场建筑安全疏散

（1）航站楼应根据其内部各功能区的建筑高度、建筑面积、人员分布和可燃物分布情况等因素，合理设置疏散楼梯等安全出口、疏散走道和疏散指示标志等。

（2）航站楼内每个房间的疏散门不应少于 2 个；建筑面积不大于 $50m^2$ 的房间，可设置 1 个疏散门。

（3）航站楼内每个防火分区的安全出口不应少于 2 个，各防火分区的安全疏散可利用通向相邻防火分区的防火门作为安全出口。集中布置且建筑面积大于 $500m^2$ 的办公区，至少应有 1 个直通室外的安全出口。当地下、半地下室利用相邻防火分区之间防火墙上设置的甲级防火门作为安全出口时，每个防火分区至少应设置 1 个直通室外或避难走道的安全出口或直通室外的疏散楼梯间。

（4）自动扶梯和电梯不应计作安全疏散设施。航站楼通向高架桥的门可作为安全出口。

（5）公共区内任一点均应有 2 条不同方向的疏散路径，公共区内任一点至最近安全出口的直线距离不应大于 40.0m。当公共区的净空高度大于 15.0m 时，其内部任一点至最近安全出口的最大直线距离可为 60.0m。

（6）在非公共区内，房间内任一点到该房间疏散门的距离不应大于 15.0m。位于两个安全出口之间的疏散门至最近安全出口的距离不应大于 40.0m，位于袋形走道两侧或尽端的疏散门至最近安全出口的距离不应大于 22.0m。

（7）航站楼内的疏散走道、安全出口、疏散楼梯和房间疏散门的各自总宽度应根据其设计疏散人数和表 4-6 规定的百人疏散指标经计算确定，每层疏散走道、安全出口、疏散楼梯和房间疏散门的每百人净宽度不应小于表 4-6 的规定；当每层人数不等时，疏散楼梯的总宽度可分层计算，地上部分下层楼梯的总宽度应按其上层人数最多一层的人数计算；地下部分上层楼梯的总宽度应按其下层人数最多一层的人数计算。

表 4-6　疏散走道、安全出口、疏散楼梯和房间疏散门的每百人净宽度　（m/百人）

建筑层数	净宽度
地上一、二层	0.65
地上三层	0.75
地上四层及四层以上	1.00
与地面出入口地面的高差不超过 10.0m 的地下、半地下室	0.75
与地面出入口地面的高差超过 10.0m 的地下、半地下室	1.00

（8）航站楼各功能区内的疏散人数应根据该区域的建筑面积和人员密度经计算确定，不同功能区的人员密度不应小于表 4-7 的规定。

表 4-7　航站楼内不同区域人员密度　　（人/m²）

功能区	人员密度
出发区	0.45
安检区	1.0
候机区	0.5
到达区	0.1
行李提取区	0.6
非公共区及 其他机场服务人员的工作场所	按核定人数确定

根据《建筑防火设计规范》的要求，候机楼安全出口的数目不应少于两个。地下或半地下厂房（包括地下或半地下室），当有多个防火分区相邻布置，并采用防火墙分隔时，每个防火分区可利用防火墙上通向相邻防火分区的甲级防火门作为第二安全出口，但每个防火分区必须至少有 1 个直通室外的独立安全出口。

候机楼每层的疏散楼梯、走道、门的各自总宽度应按表 4-8 的规定计算。当各层人数不相等时，其楼梯总宽度应分层计算，下层楼梯总宽度按其上层人数最多的一层人数计算，但楼梯最小宽度不宜小于 1.1m。

底层外门的总宽度应按该层或该层以上人数最多的一层人数计算；但疏散门

的最小宽度不宜小于0.9m；公共区的疏散楼梯净宽度不宜小于1.4m。

表4-8　候机楼疏散楼梯、走道和门的宽度指标

候机楼层数	耐火等级		
	一、二级	三级	四级
一、二层	0.65	0.75	1.00
三层	0.75	1.00	—
四层及四层以上各层	1.00	1.25	—
与地面出入口高差不超过10m的地下建筑	0.75	—	—
与地面出入口高差超过十米的地下建筑	1.00	—	—

注：1. 当使用人数少于50人时，楼梯，走道和门的最小宽度可适当减小。但门的最小宽度不应小于0.8m。

　　2. 本规定的宽度均指净宽度。

4.6.2　疏散走道与避难走道

疏散走道贯穿整个安全疏散体系，是确保人员安全疏散的重要因素。其设计应简洁明了，便于寻找、辨别，避免布置成"S"形、"U"形或袋形。

4.6.2.1　疏散走道

（1）基本概念。疏散走道是指发生火灾时，建筑内人员从火灾现场逃往安全场所的通道。疏散走道的设置应保证逃离火场的人员进入走道后，能顺利地继续通行至楼梯间，到达安全地带。

（2）疏散走道设置的基本要求。疏散走道的设置，应满足以下要求：

1）走道应简捷，并按规定设置疏散指示标志和诱导灯。

2）在1.8m高度内不宜设置管道、门垛等凸出物，走道中的门应向疏散方向开启。

3）尽量避免设置袋形走道。

4）疏散走道的宽度应符合表4-8的要求。办公建筑的走道最小净宽应满足表4-9的要求。

5）疏散走道在防火分区处应设置常开甲级防火门。

表4-9　办公建筑的走道最小净宽　　　　　　　　　　　（m）

走道长度	走道净宽	
	单面布防	双面布防
≤40	1.30	1.50
>40	1.50	1.80

4.6.2.2 避难走道

（1）基本概念。避难走道是指采用防烟措施且两侧设置耐火极限不低于3.00h的防火隔墙，用于人员安全通行至室外的走道。

（2）避难走道的设置要求。避难走道的设置应符合下列规定：

1）避难走道楼板的耐火极限不应低于1.50h。

2）避难走道直通地面的出口不应少于2个，并应设置在不同方向；当走道仅与1个防火分区相通且该防火分区至少有1个直通室外的安全出口时，可设置1个直通地面的出口。任一防火分区通向避难走道的门至该避难走道最近直通地面的出口距离不应大于60m。

3）避难走道的净宽度不应小于任一防火分区通向该避难走道的设计疏散总净宽度。

4）避难走道内部装修材料的燃烧性能应为A级。

5）防火分区至避难走道入口处应设置防烟前室，前室的使用面积不应小于6.0m，开向前室的门应采用甲级防火门。前室开向避难走道的门，应采用乙级防火门。

6）避难走道内应设置消火栓、消防应急照明、应急广播和消防专线电话。

4.6.3 火场逃生

一场火灾降临，能否逃生，固然与火势大小，起火时间，楼层高度，建筑物内有无报警、排烟、灭火设施等因素有关，然而主要与受灾者的自救能力以及是否懂得逃生步骤和方法等因素有关。能够火海逃生的原因不外乎两条：科学的逃生自救方法和良好的心理素质。

4.6.3.1 火场致死因素

火灾中致人死亡的因素主要有4种，即有毒气体（特别是一氧化碳）、缺氧、烧伤和吸入烟气。根据统计资料，火灾中死亡的人员有80%以上不是直接被火烧死的，而是由于烟气（有毒气体、热气等）的危害造成的。

4.6.3.2 火场逃生基本原则

（1）财物诚可贵，生命价更高。火场逃生要迅速，动作越快越好，切不要为穿衣服或寻找贵重物品而延误时间，要树立"时间就是生命"和"逃生第一"的思想。

（2）就近就便，因地制宜。疏散走道贯穿整个安全疏散体系，是确保人员安全疏散的重要因素。其设计应简洁明了，便于寻找、辨别，避免布置成"S"形、"U"形或袋形。

（3）互相帮助，有序疏散。在火灾现场，每个人不仅应该想到使自己尽快疏散，还要积极帮助老、弱、病、残、妇女、儿童等有秩序地疏散，切忌乱作一团而导致通道堵塞，酿成大祸。

4.6.3.3　火场逃生方式

（1）居安思危，未雨绸缪。首先要了解和熟悉自己工作、学习或居住的建筑物的结构及逃生路径。当你身处陌生的环境，如进入酒店、商场、娱乐场所时，也要留意疏散通道和安全出口的方位，一旦发生火灾，你就不会"走投无路"了。

（2）清理通道，敞开出口。楼梯、通道、安全出口等是火灾发生时逃生的必经之路，将其堵塞无疑是自断后路。应清理所处建筑的通道和出口，保证这些地方随时畅通无阻。切不可为防盗而在出口处设闸上锁。

（3）速灭小火，免酿大灾。火灾最容易被遏制的时候是它的初起阶段。如果发现火势不大，尚未对人造成很大威胁，周围又有足够的消防器材，如灭火器、消火栓的时候，应集中力量迅速将火扑灭。千万不能置小火于不顾而酿成大灾。

（4）不贪财物，不履险地。人的生命是最重要的，身处险境，应尽快撤离，不要因害羞或贪恋贵重物品，而把宝贵的逃生时间浪费在穿衣或抢救贵重物品上。

（5）明辨方向，迅速撤离。面对浓烟烈火，一定要让自己保持镇静。这样才能迅速辨明危险地带和安全地带，从而采取正确的逃生路线和方法。千万不要盲目地跟从人流，更不要乱冲乱窜。要尽量往低楼层跑（特殊情况除外），若通道已被烟火封阻，则应背向烟火方向离开，通过阳台、气窗、天台等往室外逃生。

（6）蒙鼻避烟，匍匐前进。从火场逃生时往往会经过充满烟雾的路段，这时防烟就十分重要。毛巾、口罩都是防止烟气的好东西，而贴近地面匍匐撤离也是避免吸入烟气的好方法。如果必须穿越烟火封锁区，则应佩戴防毒面具、头盔、阻燃隔热服等护具；没有这些护具时，可向头部、身上浇冷水或用湿毛巾、湿棉被、湿毯子等将头、身裹好，再冲出去。

（7）善用通道，莫入电梯。发生火灾时，要根据情况选择相对较为安全的楼梯通道撤离。紧急情况下，还可以通过阳台、窗台、屋顶等转移到附近的安全地点或是沿着水管、避雷线等建筑结构中的凸出物脱险。由于电梯的供电系统在火灾中会随时断电，且电梯井会形成"烟囱效应"直接威胁被困人员的生命，因此，千万不能乘普通电梯逃生。

（8）滑绳自救，缓降逃生。高层、多层的公共建筑物内一般都配有高空缓降器或救生绳，被火灾围困的人员可以通过这些设施逃离危险楼层。如果没有这些专门设施，而安全通道又被封堵，你可以用绳索或床单、窗帘、衣服等自制简易救生绳，并用水打湿，沿绳缓慢滑到下面楼层或地面安全逃生。

（9）暴露自己，寻求援助。被烟火围困暂时无法逃离的人员，应尽量待在阳台、窗口等易于被人发现和能暂时避免烟火近身的地方。在白天，可以向窗外晃动颜色鲜艳的衣物，或向外抛质量较轻的东西；在晚上可用发光的东西在窗口不停闪动或敲击东西，及时发出有效的求救信号，引起救援者的注意。在被烟气窒息失去自救能力前，应努力滚到墙边或门边，便于消防人员寻找、营救；此外，滚到墙边也可防止房屋结构塌落砸伤自己。

（10）跳楼有术，减损求生。首先应强调的是：只有消防员准备好救生气垫并指挥跳楼或楼层不高（一般3层以下），同时，不跳楼就会马上丧生的情况下，才能采取跳楼逃生；即便已没有任何退路，若生命还未受到严重威胁，也要冷静地等待救援。迫不得已跳楼时，应尽量往救生气垫中部跳或往水池、软雨篷、草地等方向跳；如有可能，要尽量抱些棉被、沙发垫等松软物品或打开大雨伞跳下，以减缓冲击力；如果徒手跳楼，一定要扒住窗台或阳台边缘使身体自然下垂后才跳下，以尽量降低垂直距离；落地前要用双手抱紧头部，身体弯曲蜷成一团，以减少伤害。再次重申，跳楼会对身体造成一定伤害，须慎之又慎"只有绝望的人，没有绝望的处境"，面对滚滚的浓烟和熊熊的烈焰，只要冷静机智地运用火场自救与逃生知识，往往就能绝处逢生。

4.6.3.4 火场逃生中的五大错误行为

在火场由于人的惊慌失措和从众心理，常出现一些错误行为，从而丧失逃生机会。下面是常见的五种错误行为。

（1）原路脱险。这是人们最常见的火灾逃生行为模式。人们总是习惯沿着进来的出入口和楼道进行逃生，当发现此路被封死时，才被迫去寻找其他出入口，殊不知，此时已失去最佳逃生时间。

（2）向光朝亮。这是在紧急危险情况下，由于人的本能、生理、心理所决定的。但这时的火场中，90%的可能是电源已被切断或已造成短路、跳闸等，光和亮之地正是火魔逞威之处。

（3）盲目追随。当人的生命突然面临危险状态时，极易因惊慌失措而失去正常的判断思维能力，第一反应就是盲目地追随众人。克服盲目追随的方法是平时要多了解与掌握一定的消防自救与逃生知识。

（4）自高向下。当高楼大厦发生火灾，特别是高层建筑一旦失火，人们总是习惯性地认为，火是从下面往上着的，越高越危险，越下越安全。殊不知，这时的下层可能是一片火海。

随着消防装备现代化的不断提高，在发生火灾时，有条件的可登上房顶或在房间内采取有效的防烟、防火措施后等待救援也不失为明智之举。

（5）冒险跳楼。人们在开始发现火灾时，会立即做出第一反应。这时的反应大多还是比较理智的。但是，当选择的路线逃生失败，逃生之路被大火封死，火势越来越大，烟雾越来越浓时，人们就很容易失去理智。此时的人们也不要跳楼、跳窗等，而应另谋生路，万万不可盲目采取冒险行为，盲目跳楼。

机场易燃易爆违禁品检查

5.1 机场安检要求及违禁品检查

5.1.1 民航安全检查意义

民航安全检查简称民航安检，是指在民用机场实施的为防止劫（炸）飞机和其他危害航空安全事件的发生，保障旅客、机组人员和飞机安全所采取的一种强制性的空防安全技术性检查。

民航安全技术检查，是民航空防安全保卫工作的重要组成部分；是国务院民用航空主管部门授权的专业安检队伍，为保障航空安全，依照国家法律法规对乘坐民航班机的中、外籍旅客及物品以及航班货物、邮件进行公开的安全技术检查，防范劫持、爆炸民航班机和其他危害航空安全的行为，保障国家和旅客生命财产安全，具有强制性和专业技术性。

乘坐民航飞机的旅客在登机前必须接受人身和行李安全检查，这也是为了保证旅客自身安全和民用航空器在空中飞行安全所采取的一项必要措施。在登机前，须提前办理刀具类生活用品托运手续。而根据中国民航局最新颁发的规定，液体、打火机等物品也归入禁止随身携带的物品。

安检要求：

（1）安全检查事关旅客人身安全，所以旅客都必须无一例外地经过检查后，才能允许登机，安全检查不存在任何特殊的免检对象。

（2）安全检查的内容主要是检查旅客及其行李物品中是否携带枪支、弹药、易燃、易爆、腐蚀、有毒放射性等危险物品，以确保航空器及乘客的人身、财产安全。

（3）航站楼内的安检措施十分严格，乘客所有随身物品和行李都先要经过 X 光机检查，乘客也须走过金属探测器，以防有心人士携带武器劫机。

（4）为使安全检查达到预期效果，必须做好充分准备，即思想和业务上的准备，主要是发动群众，开展群众性的自检自查。

5.1.2 机场违禁品、危险化学品的概念及分类

5.1.2.1 违禁品

（1）"违"本意指不遵照、不依从，"违禁"就是违反禁令。违禁物品就是

指违反有关部门的法律、法规规定，制造、运输、出售、携带的物品。在不同的单位、不同的场合，所指的违禁物品并不相同。本章所阐述的违禁物品是指为了保障航空安全，由国务院或公安部、民航局制定的有关法律、法令、通告和内部规定中，明文规定禁止旅客随身带上飞机或在托运行李物品中夹带上飞机的物品。

根据有关法律、法令、通告和内部规定，一般把违禁物品分成十一类：

1）枪支和警械；

2）弹药和爆炸物品；

3）管制刀具；

4）管制刀具以外的利器或钝器；

5）易燃易爆物品；

6）毒害品；

7）氧化剂；

8）腐蚀物品；

9）放射性物品；

10）易传播病毒的物品；

11）其他危害民用飞机飞行安全的危险物品。

（2）在公安部、民航局（1981年7月）的文件中，对严禁登机旅客随身携带的物品做了明确规定。除特许者外，严禁旅客随身携带下列物品乘坐飞机：

1）枪支和警械。各种类型的军用、民用枪支，包括气枪、运动枪、猎枪、信号枪、麻醉注射枪，样品枪和逼真的玩具枪等。各种警械，包括电警棍、电击器、催泪剂喷射器等。

2）弹药和爆炸物品。炸弹、手榴弹、子弹、照明弹、训练弹、炸药、火药、引信、雷管、导火索、导爆索及其他爆炸物品和纵火器材。

3）管制刀具。匕首、刺刀、三棱刀（包括机械加工用的三棱刮刀），带有自锁装置的弹簧刀（跳刀）以及其他属于管制刀具的单刃、双刃、三棱刀。

4）管制刀具以外的利器或钝器。菜刀、大剪刀、大水果刀、大餐刀、工艺品刀、剑，文艺体育单位表演用刀、剑、矛、叉、棍，少数民族生活用的佩刀、佩剑、斧子、短棍，加重或有尖钉的手杖、铁头登山杖，以及其他被认为可能危害航空安全的各种器械。

5）易燃易爆物品。酒精、煤油、汽油、硝化甘油硝铵、松香油、橡胶水、油漆；白酒、丁烷液化气罐及其他瓶装压缩气体和液化气体，硫化磷、镁粉、铝粉、闪光粉、黄磷、硝化纤维胶片、金属钠、金属钾、烟花、鞭炮等。

6）毒害品。氰化钾、砷、有毒农药、氯气、有害化学试剂、灭鼠药剂等各种有机、无机毒品。

5.1.2.2 危险化学品

A 化学品和危险化学品

化学品指由各种化学元素组成的化合及混合物（无论是天然的还是人造的）。化学品中具有爆炸、易燃、毒害、腐蚀、放射性等性质，容易造成人身伤亡和财产损毁而需特别防护的物质称为危险化学品。

B 危险化学品的分类

目前常见的危险化学品有数千种，其性质各不相同，每种危险化学品往往具有多种危险性。但是在多种危险性因素中，通常有一种主要的即对人类危害最大的危险性因素。因此，在对危险化学品分类时，应掌握"择重归类"的原则，根据化学品的主要危险性来进行分类。

国家标准《常用危险化学品的分类及标志》（GB 13690—2009），按主要危险特性把危险化学品分为八类，并规定了常用危险化学品的包装标志：二十七种（主标志十六种，副标志十一种）。

第一类：爆炸品。

第二类：压缩气体和液化气体。

第三类：易燃液体。

第四类：易燃固体、自燃物品和遇湿易燃物品。

第五类：氧化剂和有机过氧化物。

第六类：有毒品。

第七类：放射性物品。

第八类：腐蚀品。

C 危险化学品的特征

为了更好地搞好危险化学品的经营管理，掌握各类危险化学品的具体特性和有关知识是非常必要的。下面重点对易燃易爆危险品和有毒物品进行介绍：

a 爆炸品

爆炸品指在外界作用下（如受热、受压、撞击等），能发生剧烈的化学反应，瞬时产生大量的气体和热量，使周围压力急骤上升，发生爆炸，对周围环境造成破坏的物品，也包括无整体爆炸危险，但具有燃烧、抛射及较小爆炸危险的物品。

b 压缩气体和液化气体

压缩气体和液化气体指压缩、液化或加压溶解的气体，按危险特性可以分为：

（1）易燃气体。该类气体在温度为20℃、标准压力101.3kPa条件下，当占有空气混合物总体积的13%或更低时能够点燃；不管最低燃烧极限是多少，与空气的燃烧范围至少有 12 个百分点。比如，压缩或液化的氢气、乙炔气、一氧化碳，碳五以下的烷烃和烯烃，无水的一甲胺、二甲胺、三甲胺，环丙烷、环丁烷、环氧乙烷、四氢化硅、液化石油气等。

（2）非易燃无毒气体。指在 20℃、压力不低于 280kPa 条件下运输或以冷冻液体状态运输的气体，并且是窒息性气体（会稀释或取代在空气中的氧气的气体）、氧化性气体（通过提供氧气比空气更能引起或促进其他材料燃烧的气体）或不属于其他分项的气体。如氧气、压缩空气、氮气、氩气、二氧化碳、氖气、氩气等。

（3）毒性气体。包括已知对人类具有的毒性或腐蚀性强到对健康造成危害的气体；或半数致死浓度 LC_{50} 值不大于 $5000mL/m^3$，因而推定为对人类具有毒性或腐蚀性的气体。比如氟气、氯气等有毒氧化性气体，无水溴化氢、砷化氢、无水硒化氢、煤气、氮甲烷、溴甲烷等有毒易燃气体。

当存在两种或两种以上的气体或气体混合物时，在比较危险性时，毒性气体优先于易燃气体和非易燃无毒气体，易燃气体优先于非易燃无毒气体。

c 易燃液体

易燃液体指易燃的液体、液体混合物或含有固体物质的液体，但不包括由于其危险特性已列入其他类别的液体。其闭杯试验闪点等于或低于 61℃。按闪点可分为：

（1）闪点低于 -18℃ 的低闪点类液体。比如汽油、正戊烷、环戊烷、乙醛、乙醇、二硫化碳等。

（2）闪点为 -18~23℃（不含 23℃）的中闪点类液体。比如石油醚、辛烷、苯、甲醇、噻吩、吡啶、庚烷、香蕉水等。

（3）闪点为 23~61℃（包括 61℃）的高闪点类液体。比如煤油、壬烷、松节油、刹车油、医用碘酒等。

d 易燃固体、自燃物品和遇湿易燃物品

该类物质又可细分为以下三类：

（1）易燃固体。易燃固体系指燃点低，对热、撞击、摩擦敏感，易被外部火源点燃，燃烧迅速，并可能散发出有毒烟雾或有毒气体的固体，但不包括已列入爆炸品的物品。比如红磷、硫磷化合物、硫、镁、钛、锰、铁等元素的粒、粉或片，硝化纤维的漆纸、漆片、漆布，松香、火柴、棉花、亚麻、木棉等。

（2）自燃物品。自燃物品系指自燃点低，在空气中易发生氧化反应，放出热量，而自行燃烧的物品。比如黄磷、钙粉、三氯化钛、烷基铝、烷基铝氢化物、烷基铝卤化物，油纸、油布、油绸及其制品，动物、植物油和植物纤维及其制品，赛璐珞碎屑、潮湿的棉花等。

（3）遇湿易燃物品。遇湿易燃物品系指遇水或受潮时，发生剧烈化学反应，放出大量的易燃气体和热量的物品。其特点是，遇水、酸、碱、潮湿能发生剧烈的化学反应，放出可燃气体和热，当热量达到可燃气体的自燃点或接触外来火源时，会着火或爆炸。常见的有锂、钠、钾、钙、铷、锶、钡等活泼金属、碱土金属，钠汞齐，钾汞齐，活泼金属的氢化物、碳化物（电石）、硅化物（硅化钠）、磷化物（磷化钙、磷化锌），锂、钠、钾等金属的硼氢化物，镁粉等轻金属粉末。

e 氧化物质和有机过氧化物

氧化物质系指处于高氧化态、具有强氧化性、易分解并放出氧和热量的物质，包括含有过氧基的无机物，其本身不一定可燃，但能导致可燃物的燃烧，与粉末状可燃物能组成爆炸性混合物，对热、震动或摩擦较敏感，比如，氯酸钾、氯酸钠、硝酸铵、硝酸钾、高锰酸钾、高氯酸铵、过氧化钾、过氧化钠。

有机过氧化物系指分子组成中含有过氧基—O—O—的有机物。有机过氧化物是遇热不稳定的物质，它可发热并自动加速分解。从而发生分解爆炸、燃烧，常见的有氢过氧化物类，如异丙基苯氢过氧化物、二异丙基苯氢过氧化物；二烃基过氧化物，如二叔丁基过氧化物、二异丙苯基过氧化物；二酰基过氧化物；过氧化酯，如过氧化苯甲基叔丁基酯；过二碳酸酯，如过氧化二异丙基碳酸酯；酮过氧化物，如甲基乙基酮过氧化物等。

f 有毒品

本类化学品系指进入机体后，累计达一定的量，能与体液和器官组织发生生物化学作用或生物物理学作用，扰乱或破坏肌体的正常生理功能，引起某些器官和系统暂时性或持久性的病理改变，甚至危及生命的物品。比如氰化物、溴甲烷、苯胺，三氧化二砷、甲基对硫磷等有机磷化合物、氯苯乙酮等。

毒害品引起人体及其他动物中毒的主要途径是呼吸道、消化道和皮肤三个方面。

g 放射性物质

放射性物质系指放射性比活度大于 $7.4×10Bq/kg$ 的物质。

h 腐蚀品

腐蚀品系指能灼伤人体组织并对金属等物品造成损坏的固体或液体，包括酸性、碱性腐蚀品和其他腐蚀品三类。

5.2 民用爆破器材与烟花爆竹的使用安全

5.2.1 烟花爆竹事故案例

根据《中国民用航空安全检查规则》明确规定，烟火制品属于禁止旅客随身携带或托运的物品。

5.2.1.1　浦东机场爆竹燃爆事件

"6·12"浦东机场爆竹燃爆事件是指 2016 年 6 月 12 日下午 2 时 30 分许，上海浦东国际机场 T2 航站楼发生的爆竹燃爆事件，造成 4 人受伤：3 人轻伤、1 人重伤。

5.2.1.2　哈尔滨机场安全检查站查获烟花爆竹

2018 年 3 月 4 日，某旅客在哈尔滨机场 T2 岛托运行李时，X 光机检查员发现该旅客托运的箱包内有疑似烟花图像，立即发布检查指令。经开包检查，确认行李中有 2 个双响爆竹，俗称二踢脚，危险性大。随后，安检人员对该旅客行李严检后，移交机场公安处理。

5.2.2　民用爆破器材与烟花爆竹分类

5.2.2.1　民用爆破器材分类

民用爆破器材是指用于非军事目的的各种炸药（起爆药、猛炸药、火药、烟火药）及其制品和火工品的总称。是广泛用于矿山爆破、开山辟路、水利工程和地质探矿等许多工业领域的重要消耗材料。但由于这类器材本身存在着燃烧爆炸特性，在生产、储运、经营、使用过程中具有火灾爆炸危险性，因而以防火、防爆为主要内容的安全生产工作具有特殊的重要性。

民用爆破器材包括工业炸药、起爆器材、传爆器材、专用民爆器材。

（1）工业炸药。如铵梯炸药、乳化炸药、粉状乳化炸药、水胶炸药等。

（2）起爆器材。如火雷管、电雷管、毫秒延期雷管等。

（3）传爆器材。如导火索、导爆索、导爆管等。

（4）专用民爆器材。如油气井用起爆器、射孔弹、复合射孔弹、修井爆破器材、点火药盒、地震勘探震源药柱，特种爆破用矿岩破碎器材、中继起爆具、平炉出钢口穿孔弹、果林增效爆破具等。

5.2.2.2　烟花爆竹分类

烟花爆竹是利用烟火药（通常指烟火剂和黑火药）通过引燃产生燃烧或爆炸，进而发生色、光、声响等效果，以供观赏的一种火工产品。可分为烟花（也叫焰火）、爆竹（也称炮竹）两大类。

烟花是烟火剂燃烧时产生的光、色、声和运动等效果的总称。一般都是包扎品，内装药剂，点燃后升腾高空，喷射出绚丽夺目的诸色火花，或显现各种形象。主要有喷花类、吐珠类、旋转类、纸香类、火箭类、小礼花类、大型礼花类和玩具烟花类等。

爆竹，是一种用密闭的纸筒做外壳，内装烟火药的火工品，其被能量激发后，爆炸纸筒壳并发出强烈的爆炸声，同时具有一定的爆炸威力。主要有黑火药炮、电光炮、拉炮和击炮四类。

5.2.3 民用爆破器材与烟花爆竹的主要危险性

5.2.3.1 原材料的危险性

民用爆破器材和烟花爆竹从原料、半成品到成品，从产品储存、运输到使用，工作对象均为易燃、易爆或爆炸品，其中相当一部分还具有较大的毒性。比如雷管制造要用到最敏感的起爆药（二硝基重氮酚、硝酸肼镍等）、延期药、猛炸药（黑索金、太安等）；导火索的制造需要用到黑火药，导爆索中装填黑索金、太安等猛炸药，工业炸药中用到氧化剂（硝酸铵、硝酸钾等）、可燃剂（柴油、木粉），有时还用梯恩梯等猛炸药作为敏化剂。

5.2.3.2 用于生产烟花鞭炮的主要原料

（1）氧化剂。氯酸钾、过氯酸钾、硝酸钾、硝酸钡、硝酸钠、硝酸锶、硝酸铵、氯酸钡、硫酸钙、硫酸钡、氧化钡等。

（2）可燃物。铝、镁、硅、赤磷、碳（石墨）、硫、铁、梯、氡、锌、结晶硼等。

（3）火焰着色物质。硝酸锶、硝酸钡、草酸钠、碱式碳酸铜、硫化亚铜等。

上述物质有很多在受热、摩擦、震动、撞击、接触火源、遇水受潮以及与性能相抵触的物质混合在一起等外界因素的影响下，会引起燃烧、爆炸、腐蚀、灼伤和中毒等危害性事故。

5.2.3.3 运输与储存方面的危险性

民用爆破器材和烟花爆竹中的药剂多是亚稳态的物质，在储存过程中会发生分解反应并放出热量。若热量得不到及时散发，温度就会升高；若达到爆发点，就可引起燃烧或爆炸。

运输民用爆破器材和烟花爆竹时可能发生的翻车、撞车、坠落、碰撞及摩擦等险情，可能导致的后果是引起危险化学品的燃烧或者爆炸。

5.3 锂电池安全检查

5.3.1 概述

锂电池是一类由锂金属或锂合金为负极材料、使用非水电解质溶液的电池。在 DGR 中，锂电池分成锂金属电池和锂离子电池两类。

锂金属电池一般由锂金属或锂混合物充当阳极的一次性电池（不可充电的）。正极一般为二氧化锰、亚硫酰氯等，负极为锂金属或合金；电解液为锂盐的有机溶液。锂金属电池一般用作手表、计算器、相机、温度数据记录仪的能源。

锂离子电池（有时缩写成 Li-ion batteries）是一种可二次使用的电池（可充电的），正极一般为锂过渡金属氧化物（如钴酸锂、锰酸锂、三元、磷酸铁锂等），负极多为石墨，电解液主要是六氟磷酸锂的有机溶液。一般用于消费电子产品。包含在锂离子电池里的还有锂聚合物电池。锂离子电池通常用于移动电话、手提电脑等。

锂聚合物电池是锂离子电池的一种，是用聚合物来凝胶化液态有机溶剂，或者直接用全固态电解质。在形状上，锂聚合物电池具有超薄化特征，可以配合各种产品的需要，制作成任何形状与容量。

锂电池作为清洁、高效、无污染能源已经走向各行各业，随着锂电池在各个电子应用领域的不断扩展，其需求量也逐年递增，当今锂电池行业已不仅仅局限于一般的消费电子产品，如手机、笔记本电脑及其他数码消费类电子产品。它已逐步向电动自行车、混合动力汽车、医疗及航空航天等新兴领域拓展。随着消费类电子产品市场的持续火热，锂离子电池市场发展迅猛，不仅其应用范围和数量不断扩大，单只电池的性价比也越来越高。

锂电池的运输方式多为航空运输，除了生产性贸易外，旅客行李中也包含大量的锂电池驱动设备。近年来，在航空运输过程中不同程度地发生过一些关于锂电池货物运输的不安全事故或事件；此外，也发生过旅客携带锂电池发生着火燃烧的事件。这些与锂电池相关的不安全事故或事件，对航空运输的安全性影响十分严重，不断曝出的锂电池安全事故，也使得人们越来越关注锂电池的安全性。

5.3.2 锂和锂电池的危险性

5.3.2.1 锂的危险性

锂电池的危险性取决于其所含的锂，锂金属属于危险品第4.3项。锂是化学周期表上直径最小也最活泼的金属。体积小，所以容量密度高，广受消费者和工程师的欢迎；但是其化学性质太活泼，带来了极高的危险性。

锂是一种特别容易发生反应的金属，外观呈银白色，非常柔软、可伸展，且易燃。其特性如下：

（1）遇水或潮湿空气会释放易燃气体。

（2）呈固体状态时，当温度超过其熔点180℃时，可自己燃烧。

（3）呈粉末时，可在环境温度条件下燃烧；可导致严重灼伤及腐蚀。

由于锂金属活性非常高，且锂金属电池在运输过程中一旦受到撞击，电池中的锂就会发生剧烈的反应产生大量的热，从而引燃周围的物质发生火灾。

5.3.2.2 锂电池的危险性

在进行航空运输时锂电池属于第9类危险品。主要危险性如下。

（1）锂电池自身易燃。锂离子电池中的钴酸锂在充电状态下容易高温分解，有导致电池爆炸、燃烧的风险。锂金属电池中的锂是活泼的碱性金属。锂离子电池中的负极在充电后，性质类似锂金属，在空气中会迅速氧化，可引发自燃；遇水会发生剧烈反应，放出氢气，有爆炸、燃烧的风险。

（2）短路引发燃爆。过度的充电、极高或极低的温度、操作错误或其他错误都有可能造成电池的短路，其危害的直观表现又分三种：一是造成漏液。电池内部温度上升较慢时，外壳会逐渐熔化，保护层起不到保护的作用，导致有腐蚀性的电解液的泄漏。二是造成锂电池的自燃。由于锂电池的电解液是由易燃的混合溶剂构成的，当电池短路时，产生的火花将会瞬间点燃电解液，燃烧着的电解液会随后引燃塑料机身，导致锂电池的燃烧，如果此时锂电池的周围还有其他易燃的物质，就会造成火灾。三是造成爆炸。锂电池短路时，其内部温度会上升得较快，而其外壳不像在温度上升较慢时会逐渐熔化，从而导致其内部容纳不了体积过大的膨胀气体，锂电池容器会因压力过大而爆炸。

（3）过度充电引发燃爆。完全充电是指可再充电的电池和电池组被充电到其设计标定电容量。过度充电会造成电池体系破坏，甚至爆炸。

锂电池电池芯长期过充，在特殊的温度、湿度以及接触不良等情况或环境下，可能瞬间放电产生大电流，引发自燃或爆炸。过充后，极片上到处都是针状锂金属结晶，刺穿点到处都是，到处都在发生微短路。因此，电池温度会逐渐升高。最后高温将电池汽化。这种情形，不论是温度过高使材料燃烧爆炸，还是外壳先被撑破，使空气进去与锂金属发生剧烈氧化，都是以爆炸收场。但是过充引发内部短路造成的爆炸，并不一定发生在充电的当时，有可能电池温度还未高到让材料燃烧、产生的气体也未足以撑破电池外壳时，消费者就终止充电，带手机出门，这时众多的微短路所产生的热量，慢慢地将电池温度提高，经过一段时间后，才发生爆炸。

（4）强制放电引发燃爆。完全放电是指下述两种情况之一：一是原电池或电池组被放电到失去其标定电容量的100%；或可再充电的电池或电池组被放电到制造商设定的终端电压。二是强制放电会造成电池体系破坏，电解液中的锂最容易被激发，从而造成危险。

（5）中毒窒息。锂金属电池中的亚硫酰氯有毒性、刺激性，有中毒、灼伤的风险。此外，锂电池燃烧过程中也会产生氰化氢等毒性气体，有中毒窒息的风险。

5.3.3　锂电池航空运输限制要求

锂电池空运限制要求为：

（1）电池须通过 UN 38.3 测试要求，以及 1.2m 的跌落包装试验。

（2）托运人提供的危险品申报文件标注 UN 编号。

（3）外包装均须贴相应的标记和标签。

（4）其设计应保证在正常运输条件下防止爆裂，并配置有防止外部短路的有效措施。

（5）坚固的外包装，电池应被保护以防止短路，在同一包装内须预防其与可引发短路的导电物质接触。

（6）电池安装在设备中运输的额外要求：

1）设备应进行固定，以防止电池在包装内移动，包装的方式还应防止电池在运输途中意外启动。

2）外包装应能够防水，或通过使用内衬（如塑料袋）达到防水，除非设备本身的构造特点已经具备防水特性。

（7）锂电池应使用托盘装载，避免搬运过程受到强烈振动，托盘的各垂直和水平边使用护角保护。

（8）单个包装重量小于 35kg。

（9）航空公司操作注意事项：

1）仅限全货机运输。

2）锂电池的空运信息须出示在机长通知单上。

3）增强机组安全意识和在紧急情况下的预案。

4）告知第一到场人员货舱内电池的种类和数量。

美国 FAA 要求锂电池应装载在飞机货舱等级为 C 级的货舱内，货舱内须有烟雾探测系统、报警系统、灭火系统。

5.3.4　锂电池作为旅客行李进行运输的要求

旅客在乘坐飞机时，经常会携带手机，笔记本电脑等便携式电子设备，旅客行李中也会经常夹带一些锂电池及含有锂电池的设备。作为旅客行李的锂电池的运输方式，也是航空运行中常见的方式。

备用电池运输也有风险，当乘客把锂金属或锂离子电池作为行李携带时，也有某些限制。例如备用电池不可以放在乘客的托运行李中运输，必须放在手提行李中。只有已经成功通过了 UN 测试和标准手册第 38.3 小节 Part III 测试程序的电池，才可以被携带。

可作为行李运输的锂电池包括：

（1）旅客自用的内含锂电池的电子设备（如手表、计算器、照相机、手机、手提电脑、便携式摄像机等）及备用锂电池。

（2）旅客自用的作为医疗用途携带的内含锂电池的便携式电子医疗装置（如自动体外除颤器、喷雾器，持续气道正压呼吸器等）及备用锂电池。

（3）旅客自用的内含锂离子电池的电动轮椅或类似的代步工具。

5.3.5　锂电池事故案例

UPS（即美国联合包裹运输公司）6 号班机是从香港国际机场经过迪拜国际机场飞往德国科隆的定期班机。2010 年 9 月 3 日，该航班由一架波音 747-400F 执飞，从迪拜机场起飞后不久因货舱失火，失去控制坠毁。机上两名机组人员全部死亡。

事故调查组在外围现场发现了一粒烧焦并炸裂的锂电池，据飞机货舱单显示，UPS6 号班机装载了多达 8100 粒锂电池或含有锂电池的电子产品。而在飞行途中，由于装运问题，电池因受压而起火，导致飞机操作困难，机组人员不得已只能采用自动驾驶来保持平衡。尽管这样，因火势越来越大而得不到控制，飞机最后还是在迪拜一个军事基地附近坠毁，两名机组人员死亡。但是副驾驶员在最后关头使飞机避开了迪拜的居民区，避免了更大的伤亡。

5.4　安检设备及原理

安检防爆设备是指用于机场、海关、车站、公检法机构等场所，为预防和制止爆炸、枪击、行凶等案件发生，从而对货物、人身、场地和携带物品进行安全检查的设备的总称。

按照体积和应用领域，安检设备可分为大、中、小型设备，大型安检设备主要用于货物的检查，例如海关、机场、铁路所需要的集装箱/车辆检测等，对技术的要求很高；中型设备目前主要用于客运中对行李和人身检测，小型设备主要是一些便于移动和携带的手持式设备。

目前世界范围内的爆炸物检测主流方法主要包括金属探测器法（主要用于地雷探测）、中子检测法、X 和 γ 射线检测法、电磁测量法、核电四极矩法、分子颗粒分析法、电化学检测法、激光检测法、太赫兹法等。

其中，X 或 γ 射线法、中子法、电磁测量法等在实际应用中存在一定的局限性，即 X 射线只能检测物体的密度和有效原子序数，无法分辨其化学成分，应用中子检测时所需的辐射防护是比较困难的，电磁法可能对磁记录介质和磁性材料造成破坏。产业界和学术界从未停止过对新型爆炸物检测技术和装置的探索。

从产品类别看，主要包括安检、防爆处置和防恐设备三类，其中安检设备包括 X 光安检机、安检门、手持金属探测仪、通过式金属探测门、液体检测仪、爆炸物探测器、金属探测器（门）等，防爆处置设备包括防爆罐、防爆毯、机械手、爆炸物现场勘察箱、危险物品储物罐以及一些辅助设施等，防恐设备包括便携式频率干扰仪、毒气探测仪等。

5.4.1 安全检查门

安全检查门（图 5-1）多为金属探测门，是保证区域安全的第一道防线。20 世纪 70 年代以来，世界各国航空业迅猛发展，劫机和危险事件的屡次发生使得人们越来越重视航空及机场的安全，于是各国都在机场安装和配备了众多安全检测设备，其中掌门神金属探测门担当了排查违禁物品的重要角色。不仅如此，在一些大型运动会（如奥运会）、展览会及政府重要部门的安全保卫工作中，金属探测门也起到了重要的

图 5-1　安全检查门

安全保护和防卫作用，成为必不可少的安检仪器。安检门原理：由晶振产生 3.5～4.95MHz 的正弦振荡，由分频器分频为 7.6kHz 左右正弦波，经三极管与线圈进行功率放大后输入门板（7 区）大线圈进行电磁波发射，由门内 1~6 区线圈分别进行接收。接收后，将接收到的信号与基准信号进行比较，发现变化后，改变采集卡输出电平，CPU 在 280ms 内对 6 个区位采集卡数据进行扫描，判断金属所在区位并输出显示。

5.4.2 金属探测门

金属探测门（图 5-2）一般采用通道式结构，外形与普通门框相似。门中设有电磁场，其应用特点是当人走进安检门通道时，检测系统立即自动开始对人体及携带的物品进行全方位检测，当检测到通过人员携带有含金属的物品（如各种管制刀具、武器、金属制品、电子产品及其他含金属的物品等）时，会发出报警信号。有些金属探测门能够在显示目标物位置的同时，声光同时报警，让图谋不轨者携带的危险物品无处可藏，让"顺手牵羊"者的偷窃行为昭然若揭。这样不仅消除了检查人员的种种压力，克服了其他检测手段的种种弊端，还能大大提高检查效率。随着新技术的发展，通道式金属探测门已不能完全满足安检的要求，安保人员需要的是一种能准确判定金属物品藏匿位置的安检产品，于是多区域金属探测技术应运而生。它的诞生是金属探测器发展历史上的又一次革命。它将原来单

图 5-2　金属探测门

一的磁场分布变成了现在相互重叠而又相对独立的多个磁场，再根据人体工程学原理把门体分成多个区段使之与人体相对应，相应的区段在金属探测门上形成相对的区域，这样金属探测门便拥有了报警定位功能。

5.4.3 金属探测器

金属探测器（图 5-3）可以分为手持式金属探测器、便携式金属探测器、通道式金属探测器、台式金属探测器等多种类型。手持式金属探测器通常与安全检查门配套使用，它能快速准确地检查出隐藏在人身上或小件包裹中的违禁物品，如刀具、金属物件等。探测原理为电磁感应，具体说是涡流效应。探测器产生周期性变化的磁场，周期性变化的磁场在空间产生涡旋电场；而涡旋电场如果遇到金属的话，会形成涡电流，可以被检测到。

图 5-3　金属探测器

5.4.4 通道式 X 射线安全检查设备

通道式 X 射线安全检查设备种类及型号有很多种，有单 X 光源的检查设备，也有双 X 光源检查设备。由于通道尺寸大小不一，所适用的检查设备型号也各不相同。但人们在考查 X 射线安全检查设备时所依据的主要技术参数是一致的，如安全检查设备的微剂量 X 射线技术参数是否符合国际或国家相关标准所规定的技术条件；X 射线发生器是否有可靠的安全装置，是否有射线剂量控制能力，当射线发生器故障或控制部分本身出现故障时，能否及时被关闭，是否具有防止外部打火或内部跳火的措施等。其他技术参数还有：行李通道尺寸、传送带高度、传送带速度、射线源位置、射线源冷却方式、分辨率、单次射线辐射剂量、胶卷安全性、泄漏量、外形尺寸、阳极电压、X 射线传感器、图像灰度级、图像处理、数据存储容量、图像显示、核心处理部件、图像分辨率、显示器型号等。目前在机场、港口等安检场所广泛使用的检测设备中，还有一种双视角 X 射线安全检查设备。它采用两个 X 射线源，可同时提供两个方向的 X 射线透视图像，这样就克服了单一透视方向造成的视图不清的不足，从而大大提高了检查的准确性和可靠性。图 5-4 所示为安全 X 光机。

5.4.5 炸药探测自动检查设备

炸药探测自动检查设备是最新型的真双能量 X 射线安全检查设备。它采用双 X 射线源、双探测器结构，集成了最先进的计算机控制和图像处理技术，具有在高

图 5-4　安全 X 光机

带速下对炸药实时自动探测的能力，还具有人工辅助探测炸药的功能。它能够有效地探测多种炸药，用户可以根据实际情况和需要随时扩充其炸药数据库。由公安部第一研究所研制的 FISCANEDS-T10080 型 X 射线炸药探测设备就是这样一种安全检查设备。它采用顶照式双 X 射线源、双探测器的结构和先进的图像处理技术，不仅保证了对材料的高分辨率，使得图像更为清晰、鲜明，而且方便对爆炸物品的识别，是理想的检查交运行李的双能量 X 射线安全检查设备。图 5-5 所示为炸药探测器 E3500。

图 5-5　炸药探测器 E3500

5.4.6　博微太赫兹人体安检仪

博微太赫兹人体安检仪的主要工作原理是太赫兹被动式成像技术，通过接收人体发出的太赫兹波并处理转换，形成人体的太赫兹图像。当人所穿衣物中隐藏有物品时，物品就会吸收和阻拦太赫兹波的正常轨迹，使得成像中对应物品所在的位置和人体背景之间产生强度对比，从而探知物品的存在。安全无辐射，可实现对人体携带金属和非金属的非接触式安检。

5.4.7　集装箱检查设备

集装箱检查设备是技术密集型高新技术产品，世界上仅有少数发达国家能够制造。主要适用于港口、机场、铁路货运站、边境检查站等需要对货板或集装箱进行检查的场所。集装箱检查系统利用钴 60 射线源对集装箱内的走私物品、毒品及其他违禁物品、危险品进行检查。随着计算机技术的不断发展和进步，目前的集装箱检查系统集成了计算机控制技术，并结合图像处理最新技术，使得分辨率、图像清晰度、检测效率都较从前有了很大提高。

5.4.8 其他防爆装置

除了以上几种经常用到的安检设备外，主要的防爆装置有以下几种：

（1）排爆机器人。排爆机器人是"秘密武器"中的明星，"身价"不菲。它可在各种复杂地形进行排爆，具有出众的爬坡、爬楼能力，能灵活抓起多种形状、各种摆放位置和姿势的嫌疑物品，最大爬坡能力为45°；可远距离连续销毁爆炸物；还标配可遥控转动彩色摄像机，其中大变焦摄像机可128倍放大，确保观察无死角。如图5-6所示。

图5-6 排爆机

（2）红外线伸缩视频探测器。它有广角镜头，拍摄范围比较广，还可用于近距离观察。检查镜探入车底时也运动自如，不会被损坏。探杆可以拉至所需要的长度，对人工观察不便的"犄角旮旯"进行清晰观察。视频探测器表面上很不起眼：装置设备的箱子还不如一般的旅行包大，但它有一个能伸缩的棍状探杆，能"看到"难以观察的"死角地带"，尤其在黑暗中，它还能自动转换为红外摄像头，显示黑白图像进行搜索。

（3）排爆服。如图5-7所示，排爆服能够防护爆炸后产生的超压、碎片、冲击波，对排爆专家进行全方位的保护。其头盔里装有智能型电池驱动电源系统和排风系统，还有智能式声音放大器及巨响防护装置；具备最新的模块化防护组合，提供更高的防护能力。它的配置更加齐全，腕部配有头盔遥控器，调节和控制更加方便。头盔面罩可以掀起，头盔上方配备高亮度发光二极管照明灯，操作更加方便。在1m范围内，500g炸药爆炸不会危及排爆者的生命。

（4）危险液体探测仪（图5-8）。这种手持流体探测仪，是一种独特的革新产品，它主要被用来对密封容器内的易燃易爆液体进行无接触的探测。它能快

图5-7 排爆服

速安全地检查各种不同材质容器
内的液体，而且不需要破坏容器
上的封印或者标签。探测仪就放
在一个手提包大小的黄箱内。检
查员手持感应器，分别对饮料和
汽油进行测验。当感应器贴近饮
料，指示灯为绿色，说明容器内

图 5-8　危险液体探测仪

的液体为非可燃性；贴近汽油，指示灯为红色，说明液体具有危险性。"这种探
测器灵敏度高，能实时显示探测结果。可以说，是液体危险品的克星"。

5.5　机场安检前沿技术

5.5.1　毫米波人体成像安全检查设备

2018 年 6 月 26 日，国家民航局颁布《民用航空毫米波人体成像安全检查设
备鉴定内控标准》及《民用航空毫米波人体成像安全检查设备违禁物品探测能
力测试程序》，正式将毫米波人体成像设备纳入中国民航安检设备清单。

毫米波人体成像技术是目前全球安防领域的先进技术，已在美国、英国、荷
兰、澳大利亚、日本等国机场用于旅客人身安检，但此前仅美国和欧盟拥有准入
技术标准。该设备能够在不直接接触人体的情况下，有效检测出在衣物覆盖下藏
匿于人体各部位的物品，特别是能够检测出非金属物品，并可以从图像上获取隐
匿物品的形状、大小和位置等信息。此外，毫米波人体成像设备具有对人体无
害、穿透力强的特点，其发射功率不及手机电磁波辐射的 1‰，能准确识别人体
携带物品，有效提高检查的客观性、准确性、针对性，降低安检员的劳动强度，
提升安检效率。

5.5.2　模拟三维 CT 扫描仪

美国运输安全管理局推出了一款 3D 扫描安检新设备：模拟三维 CT 扫描仪，
采用新型三维随身行李扫描仪来取代旧式 X 射线扫描仪。新型扫描仪使用了与
CT 扫描相同的技术。运输安全管理局认为，这种新型扫描仪将可以探测到旧式
仪器可能会遗漏的爆炸物。这款全新的模拟三维 CT 扫描仪能够识别随身行李中
几乎所有的物品，从而达到检测潜在威胁的目的。

6 危险源控制与机场火灾爆炸事故应急救援

6.1 危险、危害因素分类

6.1.1 危险、危害因素

危险因素是指能对人造成伤害或对物造成突发性损害的因素。

危害因素是指能影响人的身体健康，导致疾病，或对物造成慢性损害的因素。通常情况下，二者并不加以区分而统称为危险、危害因素。危险、危害因素主要指客观存在的危险、有害物质或能量超过一定限值的设备、设施和场所等。

6.1.2 分类

对危险、危害因素进行分类，是为了便于对危险、危害因素进行分析与识别。危险、危害因素分类的方法有多种，下面简要介绍危险、危害因素的分类方法。根据《生产过程危险和有害因素分类与代码》（GB/T 13861—2009）的规定，将生产过程中的危险、危害因素分为以下 6 类。

6.1.2.1 物理性危险、危害因素

（1）设备、设施缺陷（强度不够、刚度不够、稳定性差、密封不良、应力集中、外形缺陷、控制器缺陷、运动件外露、操纵器缺陷、设备设施缺陷、制动器缺陷等）；

（2）防护缺陷（无防护、防护装置和设施缺陷、防护不当、支撑不当、防护距离不够、其他防护缺陷等）；

（3）电危害（带电部位裸露、漏电、雷电、静电、电火花、其他电危害等）；

（4）噪声危害（机械性噪声、电磁性噪声、流体动力性噪声、其他噪声等）；

（5）振动危害（机械性振动、电磁性振动、流体动力性振动、其他振动危害等）；

（6）电磁辐射（电离辐射，包括 X 射线、γ 射线、α 粒子、β 粒子、质子、

中子、高能电子束等；非电离辐射，包括紫外线、激光、射频辐射、超高压电场等）。

（7）运动物体危害（固体抛射物，液体飞溅物，坠落物，反弹物，土、岩滑动，料堆滑动，气流卷动，冲击地压，其他运动物体危害等）；

（8）明火；

（9）能造成灼伤的高温物质（高温气体、液体、固体，其他高温物质等）；

（10）能造成冻伤的低温物质（低温气体、液体、固体，其他低温物质等）；

（11）粉尘与气溶胶（不包括爆炸性、有毒性粉尘与气溶胶）；

（12）作业环境不良（基础下沉，安全过道缺陷，采光照明不良（有害光），缺氧，通风不良，空气质量不良，给、排水不良，涌水，强迫体位，气温过高，气温过低，气压过高，气压过低，高温高湿，自然灾害，其他作业环境不良等）；

（13）信号缺陷（无信号设施，信号选用不当，信号位置不当，信号不清、显示不准及其他信号缺陷等）；

（14）标志缺陷（无标志，标志不清晰、不规范，标志选用不当，标志位置缺陷及其他标志缺陷等）；

（15）其他物理性危险和有害因素。

6.1.2.2 化学性危险、有害因素

（1）易燃易爆性物质（易燃易爆性气体、液体、固体、粉尘与气溶胶及其易燃易爆性物质等）；

（2）自燃性物质；

（3）有毒物质（有毒气、液、固体，粉尘与气溶胶及其他有毒物质等）；

（4）腐蚀性物质（腐蚀性气体、液体、固体及其他腐蚀性物质等）；

（5）其他化学性危险、有害因素。

6.1.2.3 生物性危险、有害因素

（1）致病微生物（细菌、病毒及其他致病性微生物等）；

（2）传染病媒介物；

（3）致害动物；

（4）致害植物；

（5）其他生物性危险、有害因素。

6.1.2.4 心理、生理性危险、有害因素

（1）负荷超限（体力、听力、视力及其他负荷超限）；

（2）健康状况异常；

（3）从事禁忌作业；

（4）心理异常（情绪异常、冒险心理、过度紧张，其他心理异常）；

（5）辨别功能缺陷（感知延迟、辨识错误，其他辨别功能缺陷）；

（6）其他心理、生理性危险和有害因素。

6.1.2.5　行为性危险、有害因素

（1）指挥错误（指挥失误、违章指挥，其他指挥错误）；

（2）操作错误（误操作、违章作业，其他操作错误）；

（3）监护错误；

（4）其他错误；

（5）其他行为性危险和有害因素。

6.1.2.6　其他危险、有害因素

（1）搬举重物；

（2）作业空间；

（3）工具不合适；

（4）标识不清。

6.2　机场事故应急救援预案

6.2.1　机场应急救援概念与意义

机场应急属于航空交通灾害危机管理范畴，根本目的是在航空交通灾害及其他影响机场运行的紧急事件临近或已发生时，如何在有效时间内采取救援行动，尽量减少生命和财产损失，适用于灾害临近或已发生时的管理。理想的和绝对的安全是难以达到或者根本无法实现的。当事故或灾害不可避免时，有效的应急救援行动是唯一可以抵御事故或灾害蔓延并减缓危害后果的有力措施。在防范事故工作中，主动预测可能发生的重大事故，制订相应的事故应急救援预案，建立和完善安全应急救援体系，一旦在重大安全事故发生时，就能够沉着应对，及时采取必要的措施，按照正确的方法和程序对事故进行快速响应与有效控制，救助和疏散人员，最大限度地减少损失，降低事故的危害后果。

6.2.2　应急救援计划制定原则

应急救援计划的制定是应急救援的核心，对有效实施救援工作有重要的指导意义。制定应遵循如下原则：

（1）应当考虑极端的冷、热、雪、雨、风及低能见度的天气，以及机场周围的水系、道路、凹地；

（2）应当根据互助协议的内容明确规定应急救援互助单位的权利和义务；

（3）参与救援工作的单位应当根据机场应急救援计划制定本单位的应急救

援实施预案，内容包括参加救援的人员构成、信息传递、通信联络、职责、处置步骤及救援设备清单；

（4）报民航上级部门审批，并征求当地人民政府意见。

6.2.3 编制事故应急救援预案

6.2.3.1 编制目的

为了有效应对各类与民用航空运输相关的突发事件，充分整合机场地区应急资源，建立健全应急工作机制，明确责任，加强各驻场单位间的协调，提高针对机场突发事件应急处置能力，保证应急处置工作迅速、有效、协调、统一地进行，最大限度地减少人员伤亡及财产损失，保障机场公共安全，编制本预案。

6.2.3.2 编制依据

依据《中华人民共和国安全生产法》《中华人民共和国突发事件应对法》《中华人民共和国航空法》《中华人民共和国搜寻救援民用航空器规定》《民用机场管理条例》等。

6.2.3.3 应急预案的编制步骤

（1）成立工作组。结合本单位部门职能分工，成立以单位主要负责人为领导的应急预案编制工作组，明确编制队伍、职责分工，制定工作计划。

（2）资料收集。收集应急预案编制所需的各种资料。

（3）危险源与风险分析。在危险因素分析及事故隐患排查、治理的基础上，确定本单位的危险源、可能发生事故的类型和后果，进行事故风险分析，并指出事故可能产生的次生事故，形成分析报告，分析结果作为应急预案的编制依据。

（4）应急能力评估。对本单位应急装备、应急队伍等应急能力进行评估，并结合本单位实际，加强应急能力建设。

（5）应急预案编制。针对可能发生的事故，按照有关规定和要求编制应急预案。应急预案编制过程中，应注重全体人员的参与和培训，使所有与事故有关人员均掌握危险源的危险性、应急处置方案和技能。应急预案应充分利用社会应急资源，与地方政府应急预案、上级主管单位以及相关部门的应急预案相衔接。

（6）应急预案的评审与发布。评审由本单位主要负责人组织有关部门和人员进行。外部评审由上级主管部门或地方政府负责安全管理的部门组织审查。评审后，按规定报有关部门备案，并由生产经营单位主要负责人签署发布。

6.2.3.4 工作原则

机场突发事件应急处置工作应遵循以下原则：

（1）以人为本、安全第一。保护人民的生命安全和身体健康及财产，最大限度地减少事故造成的人员伤亡和伤害为首要任务，切实加强应急救援的有效性，充分发挥应急救援队伍的作用。

（2）统一领导、分级负责。在上级部门的统一领导下，各成员单位按照各自的职责和权限，负责相关事故的应急管理和应急处置工作，认真履行职责，建立安全事故应急机制。

（3）预防为主、防治结合。贯彻落实"安全第一、预防为主、综合治理"的方针，坚持事故应急与防治工作相结合，做好预防、预测、预警和预报工作，做好常态下的风险评估、物资储备、队伍建设、装备完善、预案演练等工作。

6.2.4　现场（内部）事故应急救援预案

现场事故应急救援预案由本单位制定，主要依据或参照相关导则进行编写。内容主要包括：

（1）单位基本情况；

（2）危险目标及其危险特性，危险目标对周围的影响；

（3）危险目标周围可利用的安全、消防、个体防护的设备、器材及其分布；

（4）营救救援组织机构、组成人员和职责划分；

（5）报警、通信联络方式；

（6）事故发生后应采取的处理措施；

（7）人员紧急疏散、撤离；

（8）危险区的隔离；

（9）检测、抢险、救援及控制措施；

（10）受伤人员现场救护、救治与医院救治；

（11）现场保护与现场洗消；

（12）应急救援保障；

（13）预案分级响应条件；

（14）事故应急救援终止程序；

（15）演练计划；

（16）附件等。

现场预案包含总体预案和各危险单元预案。通常应包含针对重大危险源的预案，针对关键装置、重点部位的预案，针对不同事故类型的预案。

6.2.5　场外（外部）事故应急救援预案

场外预案由县级以上地方各级人民政府组织有关部门制定。

场外预案的主要内容包括：

（1）应急救援信息。在应急救援体系中，针对各类重大危险源建立相应的专家组。专家组应对区域内潜在重大危险的评估、应急救援资源的配备、事态及发展趋势的预测、应急力量的重新调整和部署、个人防护、公众疏散、抢险、监测、清消、现场恢复等行动提出决策性的建议。

（2）医疗救治。应与医疗救治组织建立畅通的联系渠道，制定抢救措施，储备一定的医疗物资。

（3）抢险救援。场外预案，应与应急消防队、专业抢险队，部队防化兵和工程兵等，建立联系方式并确定调度方案。

（4）监测。环保监测部门、卫生防疫部门、军队防化侦察分队、气象部门等应对事故的危害区域、范围及危害性质，事故影响区域的空气、水体、设备（施）的污染情况进行监测。收集事故发生时的气候、水文和地理资料等。

（5）公众疏散和安置。根据现场指挥部发布的警报和防护措施，指导部分高层住宅居民实施隐蔽；引导必须撤离的群众有秩序地撤至安全区或安置区，组织好特殊人群的疏散安置工作；维护安全区或安置区的秩序和治安。

（6）警戒与治安。对危害区外围的交通通道实行交通管制，阻止事故危害区外的公众进入；指挥、调度撤出危害区的人员和车辆顺利地通过通道，及时疏散交通阻塞；对重要目标实施保护，维护社会治安。

（7）洗消去污。开设洗消点（站），对受污染的人员或设备、器材等进行消毒，组织地面洗消队实施地面消毒，开辟通道或对建筑物表面进行消毒；组成喷雾分队，降低事故区域有毒有害的空气浓度，减小扩散范围。

（8）后勤保障。计划、交通、电力、通信、市政、民政、物资供应等部门应提供应急救援所需的各种设施、设备、物资以及生活、医药等后勤保障。

（9）信息发布。宣传部门、新闻媒体、广播电视等部门负责事故和救援信息的统一发布，及时准确地向公众发布有关保护措施的紧急公告等。

（10）其他。包括参加现场救援的志愿者的协调和指挥，收集同类事故救援训练和演习，检查和评价预案落实状况，检查本地区场外预案与现场预案的接口，调整场外预案等。

附录 危险化学品安全管理的法律法规及标准

我国政府历来重视危险化学品的安全管理工作，先后制订、颁布了一系列的法律法规、技术标准及规范，这是危险化学品生产、经营、运输、储存和使用的准则。以下为我国危险化学品安全管理的主要法律法规、标准及规范。

（1）《中华人民共和国安全生产法》（2014 年 8 月 31 日修订，2014 年 12 月 1 日实施）

（2）《危险化学品安全管理条例》（国务院令第 645 号，2013 年 12 月 7 日实施）

（3）《中华人民共和国监控化学品管理条例》（国务院令第 588 号，2011 年 1 月 8 日修订施行）

（4）《安全生产许可证条例》（国务院令第 653 号，2014 年 7 月 29 日修订）

（5）《农药管理条例》（2017 年 2 月 8 日修订）

（6）《中华人民共和国内河交通安全管理条例》（国务院令第 355 号，2002 年 8 月 1 日实施）

（7）《使用有毒物品作业场所劳动保护条例》（国务院令第 352 号，2002 年 5 月 12 日实施）

（8）《作业场所安全使用化学品公约》（1990 年 6 月 25 日国际劳工组织通过，1994 年 10 月 27 日全国人大常委会决定批准该公约）

（9）《工作场所安全使用化学品规定》（原劳动部、化工部颁布，1997 年 1 月 1 日实施）

（10）《中华人民共和国固体废物环境污染防治法》（1996 年 4 月 1 日实施）

（11）《烟花爆竹安全管理条例》（国务院令第 455 号，2006 年 1 月 11 日实施）

（12）《民用爆炸物品安全管理条例》（国务院令第 466 号，2006 年 9 月 1 日实施）

（13）《重大危险源辨识》（GB 18218—2000）

（14）《危险货物品名表》（GB 12268—2005）

（15）《危险货物分类和品名编号》（GB6944—2005）

（16）《常用危险化学品的分类及标志》（GB 13690—2009）

（17）《危险化学品经营企业开业条件和技术要求》（GB 18265—2000）

（18）《常用化学危险品储存通则》（GB 15603—1995）

（19）《化学品安全技术说明书编写规定》（GB 16483—2000）

（20）《化学品安全标签编写规定》（GB 15258—1999）

（21）《易燃易爆性商品储藏养护技术条件》（GB 17914—2013）

（22）《腐蚀性商品储藏养护技术条件》（GB 17915—2013）

（23）《毒害性商品储藏养护技术条件》（GB 17916—1999）

（24）《危险货物包装标志》（GB 190—2009）

（25）《危险货物运输包装通用技术条件》（GB 12463—2009）

（26）《建筑设计防火规范》（GB 50016—2014）

（27）《烟花爆竹劳动安全技术规程》（GB 11652—2012）

（28）《民用爆破器材工厂设计安全规范》（GB 50089—1998）

（29）《民用爆破器材企业安全管理规程》（WJ 9049—2005）

（30）《仓库防火安全管理规则》（公安部令 1990 第 6 号）

（31）《爆炸危险场所安全规定》（劳动部劳发〔1995〕56 号）

（32）《剧毒物品品名表》（GB 58—1993）

（33）《铁路危险货物运输管理规则》（铁运〔1995〕3104 号）

（34）《汽车危险货物运输规则》（JT 3130—1998）

（35）《水路危险货物运输规则》（1996 年 12 月 1 日实施）

（36）《铁路危险货物托运人资质审查暂行规定》（铁运 C2002 20 号）

（37）《铁路剧毒品运输跟踪管理暂行规定》（铁运〔2002〕4 月 1 日实施）

（38）《汽车加油加气站设计与施工规范》（GB 50156—2002）

（39）《危险化学品登记管理办法》（2002 年 10 月国家经贸委令第 35 号）

（40）《危险化学品经营许可证管理办法》（2012 年 9 月）

（41）《危险化学品包装物、容器定点生产管理办法》（2002 年 10 月国家经贸委令第 37 号）

（42）《关于特大安全事故行政责任追究的规定》（2001 年国务院令第 302 号）

（43）《危险化学品生产企业安全生产许可证实施办法》（2011 年 12 月 1 日实施）

（44）《危险化学品生产企业安全评价导则（试行）》（安监管危化字〔2004〕127 号）

（45）《危险化学品经营单位安全评价导则（试行）》（安监管危化字〔2003〕38 号）

（46）《危险化学品包装物、容器定点生产企业生产条件评价导则（试行）》

（安监管危化字〔2004〕122号）

（47）《危险化学品应急救援预案编制导则》（安监管危化字〔2004〕43号）

（48）《烟花爆竹生产企业安全生产许可证实施办法》（国家安全生产监督管理局令第54号，2012年8月17日施行）

（49）《烟花爆竹经营许可实施办法》（原国家安全生产监督管理总局令第65号，自2013年12月1日起施行）

（50）《民用爆破器材安全生产许可证实施办法》（科工法〔2004〕1080号，2004年8月25日）

参 考 文 献

[1] 杨泗霖. 防火防爆技术 [M]. 北京：中国劳动社会保障出版社，2008.

[2] 原国家安全生产监督管理局. 安全评价 [M]. 3 版. 北京：煤炭工业出版社，2005.

[3] 陈宝智. 安全原理 [M]. 3 版. 北京：冶金工业出版社，2016.

[4] 高等院校安全工程专业教学指导委员会. 安全系统工程 [M]. 3 版. 北京：煤炭工业出版社，2002.

[5] 田兰，等. 化工安全技术 [M]. 北京：化学工业出版社，1984.

[6] 魏伴云. 火灾与爆炸灾害安全工程学 [M]. 武汉：中国地质大学出版社，2004.

[7] 崔克清. 危险化学品安全总论 [M]. 北京：化学工业出版社，2005.

[8] 杨有启. 电气安全技术 [M]. 上海：上海科技出版社，1982.

[9] 杨泗霖. 安全技术工程 [M]. 北京：机械工业出版社，1991.

[10] 张广华，张海峰，万世波. 危险化学品生产安全技术与管理 [M]. 北京：中国石化出版社，2004.

[11] 吴宗之，高进东. 重大危险源辨识与控制 [M]. 北京：冶金工业出版社，2003.

[12] 吴宗之，高进东，魏利军. 危险评价方法及其应用 [M]. 北京：冶金工业出版社，2004.

[13] 建筑设计防火规范（GB 50016—2014）.

[14] 蒋军成，虞汉华. 危险化学品安全技术与管理 [M]. 北京：化学工业出版社，2006.

[15] 蔡少铿. 烟花爆竹生产安全问题探析 [J]. 中国安全科学学报，2005，15（3）：30-34.

[16] 水利电力部. 电气防火 [M]. 北京：水利电力出版社，1978.

[17] 曾清樵. 建筑防爆设计 [M]. 北京：中国建筑工业出版社，1971.

[18] 陈正衡，等译. 爆炸物手册 [M]. 北京：煤炭工业出版社，1980.

[19]《防火检查手册》编辑委员会. 防火检查手册 [M]. 上海：上海科学技术出版社，1982.

[20] 北京劳动保护科学研究所. 安全技术手册 [M]. 北京：电力工业出版社，1982.

[21] 公安部人民警察干部学校. 石油和化工企业防火 [M]. 北京：群众出版社，1980.

[22] 陈行表. 安全技术与防火技术 [M]. 北京：高等教育出版社，1959.

[23] 商业部储运局. 化学危险物品储运知识 [M]. 北京：中国财政经济出版社，1978.

[24] 南昌铁路分局. 危险物品运输常识问答 [M]. 北京：中国铁道出版社，1981.

[25] 朱吕通，贺占奎. 现代灭火设施 [M]. 北京：水利电力出版社，1984.

[26] 爆炸危险场所电气安全规程. 国家安全规程标准 [S]. 劳人护 [1987] 36 号.

[27]《消防管理与消防法规全书》编委会. 消防管理与消防法规全书 [M]. 北京：企业管理出版社，1996.

[28] 汪元辉. 安全系统工程 [M]. 天津：天津大学出版社，1999.

[29] 王学谦. 建筑防火设计手册 [M]. 北京：中国建筑工业出版社，1998.

[30] 张树平. 建筑防火设计 [M]. 北京：中国建筑工业出版社，2001.

[31] 王学谦. 建筑防火安全技术 [M]. 北京：化学工业出版社，2006.

冶金工业出版社部分图书推荐

书　名	作　者	定价(元)
安全学原理（第 2 版）	金龙哲	39.00
安全原理（第 3 版）	陈宝智	29.00
燃烧与爆炸学（第 2 版）	张英华	32.00
防灭火系统设计	张英华	30.00
安全系统工程	谢振华	26.00
安全评价	刘双跃	36.00
安全工程实验指导书	高玉坤	28.00
事故调查与分析技术	刘双跃	34.00
产品安全与风险评估	黄国忠	18.00
防火与防爆工程	解立峰	45.00
重大危险源辨识与控制	刘诗飞	32.00
危险评价方法及其应用	吴宗之	47.00
重大事故应急救援系统及预案导论	吴宗之	38.00